岩波科学ライブラリー 207

# 信頼の条件
原発事故をめぐることば

影浦 峡

岩波書店

# 目　次

## 第1章　地に墜ちた信頼？ … 1

《コラム》科学・科学者・専門家　11

## 第2章　事実としても科学としても誤った発言の跋扈 … 15

2.1 「『想定外』でした……」　16

2.2 私が正しいと思うことは私が正しいと思っているがゆえに正しい　17

2.3 私にわからないことは存在しない　20

2.4 現実とは私が想像することである　26

2.5 私たちが正しいと思っていることは私たちが正しいと思っているがゆえに正しい　29

2.6 事故から目を逸らす最善の手段は既存の知識で事故を見ることである　32

## 第3章　社会的に適切さを欠いた発言はどのようになされてきたか … 39

3.1 私が(無意識に)妥当と思っていることは，皆に，そして社会に，妥当する　42

3.2 私の知らないことは存在しないし，私は法律も法的考え方も法の理念も知らない．私は専門家なのだから　45

3.3　ボクこの話をする，だってしたいんだもの，
　　　　ボクは専門家だからみんな聞くんだよ　　55

## インターミッション：信頼とその条件 …………………… 64
　　コミュニケーションと状況の変更　　66

## 第4章　どのようにして信頼を支える
　　　　基盤が崩壊したのか ………………………………… 69
　　4.1　失敗したのは私たちだが，問題は皆さんにある　　70
　　4.2　心配ないと言っているのに心配する皆さんが
　　　　おかしい，理由を私が説明してあげよう　　75

## 第5章　コミュニケーションの再配置へ向けて ……… 80

## 「東京大学環境放射線情報」をめぐって（押川正毅）…………88

　あとがき

# 第 1 章　地に墜ちた信頼？

　東京電力福島第一原子力発電所事故とその後の状況を通して，科学や科学者，専門家への不信が表面化しました[*1]．この不信感は，どうやらかなり根深いもののように思われます．というのも，不信感は，科学者や専門家が提供する個々の情報の信頼性や信頼できる情報の多寡だけではなく，科学者や専門家に対する信頼をそもそも維持する構造や条件にも及んでおり[*2]，さらに，科学者や専門家に一定の信頼を置いてきた社会のあり方にも向けられているからです．

---

*1　2012年版『科学技術白書』で紹介されている，科学者への信頼に関する国民意識調査では，科学者を「信頼できる」とする人の比率は，2011年3月の震災・原発事故後，事故前の76〜85％から，65％前後にまで低下しています．もちろん，これを大幅な低下と見るかわずか10〜20％と見るかは人によって異なるでしょう．他に，信用や信頼の崩壊をめぐる記事や論考として，次のようなものがあります．
　滝順一「科学者の信用どう取り戻す——真摯な論争で合意形成を」日本経済新聞2011年10月10日
　吉川弘之「科学者はフクシマから何を学んだか——地に墜ちた信頼を取り戻すために」『中央公論』2012年4月号
　塚原東吾 (2012)「ポスト・ノーマル時代の科学の公共性」『科学』, vol. 82(3), pp. 334-342

*2　例えば滝は，上掲の記事で，「誰を信じてよいのかわからず，途方に暮れる．そんな状態が人々の不安を助長し，科学者への不信を増殖する」と述べています．これは信頼を支える構造そのものが崩れたことを示唆しているものと解釈することができます．

こうした不信の性質は，貨幣に喩えるとイメージがつかみやすいかもしれません．個別の情報が信頼できるかどうかは，誰かから受け取ったお札が本物かどうかが問われる状況に対応します．これに対して，信頼を支える構造が失われ，これまでのようなかたちで科学に頼ることに疑問が付される状況は，旧ソ連崩壊前のルーブルのように，正真正銘政府の公式のお金であるにもかかわらず，それを額面通りに受けとる人がほとんどいなくなる事態に相当すると考えることができます．

このことは，およそ原発事故後に科学や科学者，専門家への不信を考えるにあたって，科学者や専門家の失敗を科学者や専門家の側から，あるいは科学や専門領域の内部で考えるだけでは十分ではなく，実際に原発事故とその後の状況の中で科学の名のもとに社会に加えられた害悪を考慮しつつ，社会の側から問題を考えてゆく必要があることを示唆しています．

本論に入る前に，本書で扱う問題に具体的な見通しをつけ，議論の範囲を少しだけ明確にするために，原発事故後になされた科学者／専門家の発言や情報発信をいくつか見ておくことにしましょう[*3]．

「爆破弁というものがあるんですが，そのようなものを作動させて一気に圧力を抜いた，そのようなこともありうるのかと．」(2011年3月12日，東京電力福島第一原発1号機が爆発した際の，関村直人東京

---

　\*3　本書では，取り上げる発言について，基本的に発言者の名前を明記します．これは通常の学術論文や学術書の手続きに準じたもので(本書は学術論文でも学術書でもありませんが，それでも具体的な発言を取り上げるとともに発言者の名前等もあげることは，のちの議論で少し見るように，挙証責任との関係から大切です)，発言内容を批判的に検討する場合でも，発言者個々人に対する批判や評価を行う意図はありません．もちろん，こう言ったからといって，社会に大きな弊害をもたらした発言について，発言者の責任を問う必要はないと主張しているわけでもありません．それは本書の議論とは別に扱われる必要があるでしょう．

大学大学院工学系研究科教授の NHK における発言)

「海の魚っていうのはもともと海草なんかを食べて，いわゆるヨウ素がたっぷりあるんです．体の中に．」「ですから，新たにですね，放射性ヨウ素が出てきても，それをですね，体の中に取り込みにくいですね．」「基本的にはですね，安心して食べていただいて問題ありません．」(2011 年 3 月 28 日，中川恵一東京大学医学部附属病院准教授の日本テレビの NEWS24 における発言)

　福島第一原発 1 号機の爆発は水素爆発でした．また，海の魚については，2011 年 4 月 4 日に福島第一原発沖で捕れたコウナゴから 1 kg あたり 4080 ベクレルの放射性ヨウ素が検出されています．
　つまり，これらの発言は事実に照らして誤っていたのです[*4]．
　ところで，「科学」のプロセスに，先行する研究を事後的な視点から批判し乗り越える作業が本質的に含まれていることを考えるならば，ある時点での科学的発言が誤っていること自体は科学に折り込まれたプロセスの一部であって，必ずしもそれをもって科学が信頼を失うわけではありません．それにもかかわらず，上に引用した二つの発言は，信頼の喪失に大きく貢献したように思われるのですが，ではそれはどうしてなのでしょうか．
　単に発言が正しかったのかそれとも誤っていたのかという観点か

---

[*4] もちろん，事後的に得られた情報を使って過去になされた発言の事実的な誤りを個別に指摘することは比較的容易です．とはいえ，様々な発言を事後に明らかになった事実を使って批判的に検討するのはフェアではない，と言うわけでもありません．事後的な視点から先行する研究を批判することは「科学」における当たり前の手続きであることに注意しましょう．さらに，一般的な対話でも，お互いに相手の発言を受けて自分が発言するのですから，いずれにせよその都度の発言は前の発言に対して後知恵的な要素を含むことになります．

ら考えるだけでは,どうやら十分ではなさそうです.

もう少し,実際の発言を見てみましょう.

「一度に100ミリシーベルト浴びると少し発癌のリスクがあがる,具体的に1000人被曝をすると100ミリシーベルトで5人くらいの癌のリスクがあがるということが,私たちが長年研究をして来たデータであります.じゃあ,100ミリシーベルト以下は,実は,わかりません.100ミリシーベルト以下は明らかな発ガンリスクは今観察されていませんし,これからもそれを証明することは非常に困難であります.(中略)

今回皆様方を混乱におとしめている一つの理由は,年間皆様方はだいたい1ミリシーベルト被曝をすると1年間に,ですから一般公衆はこれよりも被曝をさせてはならないというのが「平常時」の約束事であります.

では,この1ミリシーベルトを私たちはどこまで守り,あるいは安全の指標とできるかどうかということを,今,この福島で問われています.何度もお話しますように100ミリシーベルト以下では明らかな発ガンリスクは起こりません.」[*5]

これは,福島県の放射線健康リスク管理アドバイザー・長崎大学大学院医歯薬学総合研究科長・教授(本書を執筆している2013年初の時点で福島県立医科大学副学長)の山下俊一氏が,2011年5月3日に福島県二本松市で行った講演から引用した言葉です.

ところで,同じ山下氏は,「放射線の光と影:世界保健機関の戦

---

[*5] 前半:http://www.youtube.com/watch?v=7364GahFWKI, 後半:http://www.youtube.com/watch?v=ZlypvPRl6AY, 書き起こしは:http://www.asyura2.com/11/genpatu11/msg/232.html

略」『日本臨床内科医会会誌』第 23 巻第 5 号(2009 年 3 月)で,次のように書いています.

　「では,もっと低い量 200〜10 mSv〔ミリシーベルト〕はどうでしょうか.現代の科学もわからないのです.(中略)
　長崎,広島のデータは,少なくとも,低線量率あるいは高線量率でも発がんのリスクがある一定の潜伏期をもって,そして線量依存性に,さらにいうと被ばく時の年齢依存性にがんリスクが高まるということが判明しています.
　主として 20 歳未満の人たちで,過剰な放射線を被ばくすると,10〜100 mSv の間で発がんが起こりうるというリスクを否定できません.」(pp. 541-543)

　約 2 年の間を置いてなされたこの二つの発言には,低線量被曝の危険性をめぐって,明らかな温度差があります.
　新しい知見が得られることで,科学者や専門家が見解を変えること自体は,普通にありうることです.けれども,低線量被曝の問題をめぐって,とりわけ山下氏が 2011 年の講演で述べている限りでは,特にそのような知見が紹介されているわけではありません.したがって,もしかすると,科学的な知見とは別のところで山下氏の見解に影響を与えたものがあるのではないかということが窺われます.
　最も可能性が高いのは,2011 年 3 月 11 日の地震と津波をきっかけに東京電力が引き起こした原発事故でしょう.そうすると,事故を境に山下氏のように見解を変更することは何を示しており,どのような意味をもつのか,と問うことも,科学の信頼性を考えるにあたって大切なポイントとなりそうです.

別の分野にも目を向けてみましょう．

事故から数日のうちにカリフォルニア大学サンタバーバラ校物理学科教授 Ben Monreal 氏が作成したスライドが日本語化され，以下のようなメッセージとともにネット上で公開されました[*6]．

「メッセージ：素粒子原子核分野の研究者／院生の皆さん

今回の震災に起因した福島原発の事故について国民の不安が高まっています．チェルノブイリのようになってしまうと思っている人も多いです．放射線を学び，利用し，国民の税金で物理を研究させてもらっている我々が，持っている知識を周りの人々に伝えるべき時です．

アメリカの Ben Monreal 教授が非常に良い解説を作ってくれました．もちろん個人的な見解ですが，我々ツイッター物理クラスタの有志はこれに賛同し，このスライドの日本語訳を作りました．能力不足から至らない点もありますが，皆さん，これを参考にして自分の周り（家族，近所，学校など）で国民の不安を少しでも取り除くための「街角紙芝居」に出て頂けませんでしょうか．

よろしくお願いします．（2011 年 3 月 19 日）」

このメッセージには，強い責任の自覚が感じられます．

それにもかかわらず，ここで発信された Monreal 氏のスライドは，事故後に科学者や専門家への不信を招いたと思われる発言と，二つの点で，ほとんど同じ性質を有しています．

第一は，福島第一原発の状況について，例えば「原子炉は地震でも損傷なく生き延びた」，「最も危険な火災のリスクが 100 日前まで

---

[*6] http://ribf.riken.jp/~koji/monreal.pdf, http://ribf.riken.jp/~koji/jishin/zhen_zai.html

使われていた使用済み燃料に対してあるが,これはチェルノブイリにくらべて放射能の危険は 100 分の 1」,「我々は情報を持っている」といった,事態を矮小化する方向に正確さを欠いた文言が含まれていたことです.メッセージにも「チェルノブイリのようになってしまうと思っている人も多い」とあり,チェルノブイリのようにはならないことが示唆されていました.

けれども,実際には,国際原子力事象評価尺度でレベル 7 と,チェルノブイリと同じ深刻な事故だったわけです.

第二は,「国民の税金で物理を研究させてもらっている我々」の責任感から促された行動が,「国民の不安を少しでも取り除くため」に「持っている知識を周りの人々に伝える」ことに向けられていたこと,です.

そもそも,「国民の税金で物理を研究させてもらっている我々」が,こうした事態を前に担うべき責任は,「国民の不安を少しでも取り除くため」に「持っている知識を周りの人々に伝える」ことだったのでしょうか.「持っている知識を周りの人々に伝える」ことで「国民の不安」を「少しでも取り除く」ことができると考えたのはどうしてでしょうか.それに税金を払っている国民は同意していたのでしょうか.ここには,科学が危機においてどのような役割を果たすべきかをめぐる問題が含まれています.

ちなみに,2011 年 4 月 27 日には,日本化学会をはじめとする 34 学会が,『34 学会 (44 万会員) 会長声明「日本は科学の歩みを止めない〜学会は学生・若手と共に希望ある日本の未来を築く〜」』という声明を出しています.この声明では,「国内および国際的な原発災害風評被害を無くすため海外学会とも協力して正確な情報を発信します」という項目が掲げられ,「海外マスメディアの報道に必ずしも科学的に正確でない情報が氾濫し国際的な風評被害を招いてい

ます．これにより，国民社会，研究・教育，産業等に様々な影響が出ております」と謳っています．

実際には，少なからぬ場合に「海外マスメディアの報道」のほうが事態をより正確に捉えていたことが明らかになっていますし，「国内および国際的な」「風評被害を無くすため」の正確な情報がその後これら34学会からどう出されているのかも曖昧です．そうした点を考えると，この声明は事故への責任感から出されたというよりは学会のプレゼンスを示すことが目的だったようにさえ見えます．

ここで，日和見的な感を否めないこの声明と，強い責任感のもとに行われたことが窺える Monreal 氏のスライド紹介とが，似通った相貌を示していることに注目しましょう．このことは，どうやら，不信を促すような発言を科学者や専門家がしてしまう問題を，科学者や学会の主観的な倫理性に帰するだけでは十分でないことを示していそうです．

全体として，これらの例から，3.11 後に露呈した科学や科学者，専門家への信頼をめぐる問題を考えていくためには，発言が科学的に正しかったかどうか，間違えたとするとそれはどうしてなのかといった，発言内容そのものの評価だけでなく，科学者や専門家の発言はどのような効果をもったのか，あるいはそうした発言はどのような配置のもとでなされたのかといった社会的な側面も見ていく必要があることが窺われます．

考えるべき点は多岐にわたりそうですが，本書では，この観察を踏まえ，特に次の点について検討してみたいと思います．


(a) どのようなかたちで少なからぬ発言が事実的にも科学的にも誤るに至ったのか．

(b) いかなる所以で社会的に不適切な発言が少なからずなされた

のか.また,それはどのような効果をもったのか.

(c) どのようにして,信頼そのものを支える基盤が崩壊するかたちで信頼が失われたのか.

このことは,結局,不信の性質との関係で述べたように,科学者や専門家の発言やふるまいを,原発事故とその後の状況において科学の名のもとに社会に加えられた害悪を考慮しつつ考えてゆくことにもつながります.実際,東京電力が引き起こした福島第一原発の事故は,本書を執筆している現在(2013年初)もまったく収束していませんし,収束できるとしても長い時間がかかるものですから,科学の名で社会に加えられた害悪も含めて信頼の問題を考えることは,現在進行形の事態に市民一人一人が対応する観点からも大切です.

なお,通常「科学」と言うと,物理を代表とする理学がイメージされることが多いのですが,本書では分野的にあまり限定せず,理学だけでなく,工学・医学など,いわゆる理科系の領域における科学者／専門家の発言を主に検討します.人文社会系の研究者の発言も,少しですが取り上げます.

本書では,原子力規制委員会による赤旗排除の問題[*7]や,福島県の県民健康管理調査検討委員会で県が委員らと事前に秘密会を開いていたこと[*8]といった,科学とも,普通の意味での科学と社会

---

*7 2012年9月25日,原子力規制委員会(田中俊一委員長)記者会見への参加を求めた『しんぶん赤旗』紙に対し,原子力規制庁政策評価・広聴広報課が「公正中立のもとに報道いただくため,特定の主義主張を持った機関の機関紙はご遠慮いただきたい」と回答した出来事.フリー記者の会見参加も制限することを示唆する発言もなされました.

*8 福島県県民健康管理調査検討委員会が,事前に秘密裏に会合を開き,「『がん発生と原発事故に因果関係はない』ことなどを共通認識とした上で,本会合の検討委でのやりとりを事前に打ち合わせていた」ばかりか,秘密会を「別会場で開いて配布資料は回収し,出席者に県が口止めするほど「保秘」を徹底」していた

の関係とも無関係の,あからさまに非倫理的な行為をめぐる問題については扱いません.

---

件(引用は毎日新聞2012年10月3日付記事より).赤旗排除問題も秘密会合問題も,民主主義の根幹に関わるものであると同時に,法的に扱われるべき問題でもあります.日本政府は,1979年に国際人権規約の社会権規約と自由権規約をともに批准しています.このうち社会権規約について各国の実施状況を調査する社会権規約委員会は,2001年8月,日本政府の報告書を審査した際に「包括所見」で次のような懸念と勧告を述べています(青山学院大学大学院法学研究科申惠丰教授の指摘による).

「22. 委員会は,原子力発電所で事故が生じているとの報告があること,そのような施設の安全性に関して透明性が欠けておりかつ必要な情報公開が行われていないこと,並びに,原子力事故の防止・対応に関して全国規模及び地域規模の事前準備が行われていないことを,懸念する.」

「49. 委員会は,原子力発電施設の安全性に関わる問題について透明性を向上させ,かつ関係住民に対してあらゆる必要な情報を公開することを勧告し,さらに,締約国に対し,原子力事故の防止及び事故に対する早期対応のための準備計画を改善するよう促す.」(訳文は申教授による. http://www.unhchr.ch/tbs/doc.nsf/%28Symbol%29/E.C.12.1.Add.67.En)

日本国憲法第98条2項の規定により,日本では批准された条約はそのまま法的効力をもつことを考えると,こうした恣意的な情報公開の制限は,法的問題であることがわかります.

## 《コラム》科学・科学者・専門家

　科学とは何か，をめぐっては多くの議論があり，細かく見ていくととても複雑ですが，科学に求められ，また実際に科学が一応従っているとみなすことのできる性質はそれなりに存在します．ほとんどの人が一応は合意するであろうこととして，次のような属性をあげることができます．

　▶科学は新しいことを扱う．「新しいこと」には，普通の意味で未知であるものだけでなく，既知だと思っていたことに新しい観点から理解を促すことも含まれます．既知の未解決問題に答えが与えられる場合も，問題そのものが新しい場合もあります．新しいことを扱うのですから，これまで十分に説明できなかった現象や例を重視することになります．
　▶科学的な主張をするときには，その主張を支えるデータや関連する知見を，主張する者が主張とともに提出する責任を負います．
　▶科学における主張は，それを支えるデータや過去の知見とともに，他の科学者が妥当性を検討できるような明確さと論理性を備えていることが求められます．

　本書の目的からは，以上の点をゆるやかに頭に置いておけば十分でしょう．
　科学に求められる(とされている)こうした性質は，科学的知識の性格とも関係してきます．それぞれの時代で「科学的事実」と認められていることは，あくまで，もっともらしい，あるいは現

実的有効性の高い仮説です．科学においては，基本的に，それらがこれからもずっと「科学的事実」であり続けるかどうかはわからないという共通了解があります．ですから，「科学的事実」そのものは——現実的有効性をもつ場合，確かに科学の力を示すものではありますが——科学的態度と手続きの帰結であって，科学の科学性を直接支えるものではありません．

　何らかの科学的主張を行うときに，主張を行う者が，その主張を，それを支えるデータやこれまでの知見とともに，他の科学者が妥当性を検討することができるようなかたちで提出することが一応の約束となっていることは，「科学的事実」が絶対的なものではなく，常に批判的検討の対象となることを受け入れていることと対応しています．

　実際，「標準的な知見」，あるいは「標準的な知見」と主張されていることと対立する研究結果は，様々な科学の領域で現在でも頻繁に発表されます．

　例えば，医学の領域では，2012年になって，WHOが現在定める成人のメチル水銀曝露に関する神経学的リスク基準(毛髪含有量50 μg/g)未満のグループでも神経学的徴候が認められることを示す研究成果が発表されています[9](WHOは純粋な科学研究機関ではありませんが，その基準は，それまでの科学的な知見をふまえた上で決められることになっていますから，それなりに定説を反映していると考えておきます)．

　別の例もあります．2011年末に報告書がまとめられた「低線量被ばくのリスク管理に関するワーキンググループ」第3回会

---

[9] Maruyama, K. et al.(2012)"Methyl mercury exposure at Niigata, Japan: Results of neurological examinations of 103 adults," Journal of Biomedicine and Biotechnology, vol. 2012, doi:10.1155/2012/635075, http://www.hindawi.com/journals/jbb/2012/635075/. 抄録の日本語版は，以下で読むことができます．http://trans-aid.jp/index.php/article/detail/id/31208/

合(2011年11月18日開催)で,委員の一人は「CTを受けたために癌が増えたというエビデンスはまだ一つもございません」と断言しています[*10].けれども,米国アカデミーの医学院が2011年12月7日に出した報告書は,「不要な医療放射線被曝を避ける……といった個人的選択により,乳がんのリスクを低減する機会をもつことができる」と結論していますし[*11],2012年に『Lancet』誌に発表された英国の研究でも,CTスキャンによる被曝リスクの存在が示されています[*12].

以上をふまえて,本書での議論のために,「科学者」と「専門家」という言葉を次のように定義しておきましょう.

**科学者**:新しいことを探求し,自分の発言に挙証責任を負う人.「新しいことを探求し」といっても,何か大それたことを想像する必要はありません.何かがわからないときに,そのわからないことを理解しようと努める人を普通に想定すれば十分です.

**専門家**:ある領域に関してこれまでに解明された知識や技術,ノウハウを十分に有している人.

---

*10 http://nettv.gov-online.go.jp/prg/prg5523.html の1時間52分頃から.
*11 http://www.iom.edu/Reports/2011/Breast-Cancer-and-the-Environment-A-Life-Course-Approach.aspx. この部分は,注目点・情報源ともに,「みーさんと読む「低線量被ばくのリスク管理に関するWG報告書」」http://togetter.com/li/231736 を参考にしています.
*12 Pearce, M. S. et al.(2012)"Radiation exposure from CT scans in childfood and subsequent risk of leukaemia and brain tumors: A retrospective cohort study," Lancet, vol. 380, pp. 499–505, doi:10.1016/S0140-6736(12)60815-0. また,低線量被ばくのリスク管理に関するワーキンググループ報告書については,尾内隆之・調麻佐志(2012)「住民ではなくリスクを管理せよ――『低線量被ばくのリスク管理に関するワーキンググループ報告書』にひそむ詐術」『科学』,vol. 82(3),pp. 314–321 が,本書第5章で扱う話題にも関わって,優れた分析を展開しています.http://www.sci.tohoku.ac.jp/hondou/files/Kagaku_201203_Onai&Shirabe.pdf

「科学者」と「専門家」のこのような使い方は、あくまで本書に限ったものであることに注意して下さい。例えば、児玉龍彦『内部被曝の真実』(幻冬舎新書, 2011)は「専門家」という言葉を本書とは異なる意味で使っています。

現代では、科学の領域が細分化され専門化されているので、新しいことを探求するためには、ほとんどの場合、その領域の知識を深く有している必要があります。そのため、科学者の多くは専門家になりますが、上の定義にしたがえば、科学者としての目線や態度と専門家としての目線や態度は大きく異なることになります。

いささか単純化して言うならば、自分が有している科学的知識をふまえながらもそれに対する疑いを同時にもつのが科学者で、そうした疑いなく、専門知識は確実なものであるとしてしまうのが専門家であり、別の言葉で言うと、科学者は「知らない」ことを前提にふるまう人、専門家は「知っている」という態度をとる人、ということになるでしょう。

# 第2章 事実としても科学としても誤った発言の跋扈

次の発言を見てみましょう．

「事故のときどうなるかというのは想定したシナリオに全部依存します．それは，全部壊れて全部出て，その全部が環境に放出されるとなればどんな結果でも出せます．でもそれは，大隕石が落ちてきたらどうなるかと，そういう起きもしない確率についてやっているわけですね．皆さんは原子力で事故が起きたら大変だと思っているかも知れませんけれども，専門家になればなるほど格納容器が壊れるなんて思えないんですね．どういう現象で何がなったらどうなるんだと，いやそれは反対派の方はわからないでしょうと，水蒸気爆発が起こるわけはないと専門家はみんな言っていますし僕もそう思うんですけれども，じゃあ何で起きないと言えるんだと，そんな理屈になっていっちゃうわけです．」[*1]

2005年12月25日に行われた，玄海原子力発電所3号機プルサーマル計画に関する佐賀県主催の公開討論会で，原子力工学を専門とする大橋弘忠氏(東京大学大学院工学系研究科教授)の発言です．

---

*1 http://saga-genshiryoku.jp/plu/plu-koukai/ から入手可能．また，一部は http://www.youtube.com/watch?v=VNYfVlrkWPc でも見ることができます．

東京電力が引き起こした福島第一原発事故では,実際に格納容器が損傷しましたから,この発言は事実に照らして誤っていたことが示されたわけですが,事後的に明らかになった事実的な誤りとは別に,この言葉には,2011年3月11日以後に自称他称の「専門家」が様々な媒体で語った饒舌をめぐる一つの典型的な問題——科学的知見あるいは専門的知見では捉えきれない出来事を前にしたときに専門家の語りがとる形式をめぐる問題——が,とてもはっきりしたかたちで露呈しています.

## 2.1 「『想定外』でした……」

東京電力の清水正孝社長(当時)が2011年3月13日の記者会見で「想定を大きく超える津波だった」と語り,また与謝野馨経済財政担当相(当時)が5月20日の会見で福島第一原発事故を「神様の仕業としか説明できない」,「神様の仕業とは自然現象だ」と述べているように,関連する専門家や事業者の間では,事故は想定されていなかったようです(もちろん,東京電力福島原子力発電所事故調査委員会(国会事故調)が述べているように,実際には,想定できなかったというよりも想定しなかったと言うべきなのですが[*2]).

---

[*2] 東京電力福島原子力発電所事故調査委員会(国会事故調)報告書,2012年7月5日.また,例えば,2009年6月の総合資源エネルギー調査会原子力安全・保安部会の耐震・構造設計小委員会地震・津波,地質・地盤合同ワーキンググループでも,大きな津波の可能性は指摘されていました(総合資源エネルギー調査会原子力安全・保安部会 耐震・構造設計小委員会 地震・津波,地質・地盤合同WG(第32回)議事録,2009年6月24日.http://www.nsr.go.jp/archive/nisa/shingikai/107/3/032/gijiroku32.pdf).さらに,石橋克彦(1997)「原発震災——破滅を避けるために」『科学』,vol. 67(10),pp. 720-724は,東京電力福島第一原発で起きたほぼそのままの事態が発生する可能性を指摘した論文ですが,班目春樹氏(元原子力安全委員会委員長)は,これに対し,原発は「二重三重の安全対策がなされており,安全にかつ問題なく停止させることができる」と述べるとともに,

想定されえなかったのか，単に想定しなかったのかは，責任を検討する観点からは大きな違いですから，原発事故の責任をめぐって余すところなく明らかにされなくてはなりません*3．けれども，それとは別に，もし想定しなかったのならば，やはりその理由を考える必要があります．実際，本来当然想定可能であるものだとしても，それを排除するようなメカニズムが働く集団の内部にいたとき，その場でその時にはその判断の恣意性に気づかなかったからこそ「想定外」という信じがたい発言が出てくるのかもしれません(もちろん単なる言い逃れである可能性もあります)．

仮にそうだとすると，同様の状況は，原子力村の内部だけでなく，科学コミュニティ全般に成り立っている可能性がありますし，さらに，知見を科学的あるいは専門的なものに限定しなければ，日本社会一般にも成り立っている可能性があります．そうであるならば，これは知識一般のあり方をめぐる問題と考えたほうがよいのかもしれません．低線量被曝や原発の今後などを含む重要な問題について，未来にまた「想定外」の事態が起きることを避けるためには，「想定外」を生み出す知識の形式について検討する必要がありそうです．

## 2.2 私が正しいと思うことは私が正しいと思っているがゆえに正しい

大橋氏の発言に戻ることにしましょう．発言に現れる文の順番を，少し並べ替えて次のようにしてみます．

---

「石橋氏は原子力学会では聞いたことがない人である」として石橋氏の主張を否定しました．

*3 この点については，吉井英勝(2013)「3.11 福島原発事故に責任を負うべき者にその自覚がないことは許されない」『科学』，vol. 83(2)，pp. 162-168 が重要な視点を提起しています．

(a)事故のときどうなるかというのは想定したシナリオに全部依存する．

(b)専門家になればなるほど格納容器が壊れるなんて思えない．

(c)(反対派は)そういう起きもしない確率についてやっている．

　論理構成は明快です．専門家は格納容器が壊れるとは考えていない．その考えに従えば格納容器が壊れる確率は起きもしない確率である．したがって格納容器は壊れないという前提を採用する．その前提で考えれば格納容器は壊れない．

　この論理構成においては，格納容器が壊れないことは，外的な根拠に支えられるのではなく，格納容器が壊れないと考えている専門家の見解のみに支えられています（あとで見ますが，外的な根拠を持ち出したとしても，その根拠自体があらかじめ言おうとしている結論に応じて集められるならば，結局，「外的根拠」は見かけ上のものになってしまい，循環論的な論理構成の枠から出ずに終わります）．

　実際，当たり前に考えれば「事故のときどうなるか」は，純粋に事故そのものの性質に依存するはずです．本来，事故は，想定したシナリオに依存しないからこそ事故なのですから．それにもかかわらず，大橋氏が，「事故のときどうなるかというのは想定したシナリオに全部依存します」と言うことができるのも，この循環論的な論理構成の中で対象を考え，現実を排除してしまっているからと考えられます．

　もちろん，どのような主張であれ，原理的に根拠づけようとするならば，循環論となるか，恣意的なところに行き着くか，無限背進するしかなく，したがって，とにかく何かを語ったときにその根拠を問うていくと循環論的な構造が姿を表すことは希なことではありません[*4]．

とはいえ，現実の科学は，原理的な根拠づけとは別に，対象との具体的な関係の中で確立し受け入れられるものです．その中で重要なのは，これまでの科学的ないしは専門的知見では捉えきれない事態に直面したときに，科学や専門性がどのように機能するのか，それは現実とどう関係するのか，といった点になります．

コラムで導入した「科学者」と「専門家」の区別をふまえて言うと，未知の事態を前にしながら，あくまで専門家としてふるまうならば，「知っている人」たる立場を保持するためには，どこかで，どうしても，「私が知っていること／私の言いたいことが正しいためには，現実の状況はこうでなくてはならない」という思考回路が要請されることになります．その意味で，「専門家」は循環論的思考に陥りやすいと言えるでしょう．

大橋氏の発言に見られる循環論的な構造が少しかたちを変え，目的からさかのぼって主張に都合の悪い情報を消去するメカニズムを明確に示している発言を一つ見ておくことにしましょう．

[2011年10月25日に開催された原子力委員会小委員会で]「京都大の山名 元(はじむ)教授は，国内の実績を踏まえた原子炉一基当たりの事故発生確率「500年に1回」に猛反対．国内には54基あり，10年足らずのうちに1回起きる計算だからだ．「この確率なら，また同じような事故が起きるという話になってしまう．この会場みんなで原子力に反対しようということになってしまう」と強調した．」[*5]

---

*4 ミュンヒハウゼンのトリレンマとして知られるこの問題については，以下を参照．Albert, H., Traktat über kritische Vernunft. Tübingen: Mohr, 1968. 萩原能久訳『批判的理性論考』御茶の水書房，1985．
*5 「試算過程に多くの疑問」東京新聞2011年10月26日1面．原子力小委員会における原発の事故コスト試算の検討状況を報じた記事．

「500年に1回」の事故確率は，国内の実績をふまえたものですから，最低限，データにもとづく，一応，科学的根拠のあるものです．それに対する山名氏の反論は，以下のような論理構成をとっています(他の例でもそうですが，一応，報道が発言を基本的にそのまま伝えているものと考えます)．

(a) 委員会が「みんなで原子力に反対しよう」となるのはまずい．
(b) そうならないためには「また同じような事故が起こるという話になって」はいけない．
(c) 500年に1回だと，「また同じような事故が起こるという話になってしまう」．
(d) だから，現実のデータが500年に1回の事故を示していても，無視しなくてはならない．

大橋氏の発言は外部的な根拠が不在の例，山名氏の発言は，外部的な根拠を，それが自らの主張にはそぐわないからという理由で明示的に否定する例です．

ここまでわかりやすい例はそれほど多くありませんが，自分が専門家として維持したい主張から，遡及的に，好都合な状況だけを拾い集めたり，不都合な情報はなかったものにしたり，わからないものを存在しないものとしたり，都合のよい状況を事実に反して作り出すといった操作をともなう発言は，少なくありません．

## 2.3 私にわからないことは存在しない

「100 mSv 以下では，被ばくと発がんの因果関係の証拠が得られないのです．これは，科学的な事実=《サイエンス》です」

この言葉は，2011年9月29日，「首相官邸災害対策ページ」にある「原子力災害専門家グループ」のコーナーに掲載された，長瀧重信氏(長崎大学名誉教授)による「サイエンス(科学的事実)とポリシー(対処の考え方)の区別」から引用したものです[*6].

この文は，科学および科学的知見の限界をめぐる，とても興味深い認識を示しています．

まず，科学的事実=《サイエンス》という定式化が注目に値します．「《サイエンス》」を素直に「科学というもの」と理解するとして[*7]，この定式化は，一定の態度と手続きに従う認識の態度で特徴づけられる科学の本質とはずれています(言葉遊びですが，普通に言えなくもない「《サイエンス》する」という表現を「科学的事実する」と言い換えるととても変です)．

興味を引く第二の点は，「100 mSv 以下では，被ばくと発がんの因果関係の証拠が得られない」ことを「科学的な事実=《サイエンス》」としている部分です．通常の意味では，存在しないことが明らかにされた場合には「科学的な事実」と言えるでしょうが(ただし存在しないことの証明は一般に困難です)，「被ばくと発がんの因果関係の証拠が得られない」ことは，対象に関する「科学的事実」ではなく科学的事実の不在という，科学が置かれた状況に関する事実です．武谷三男氏の言葉を借りると，いわば「科学の無能」[*8]を示す

---

\*6 http://www.kantei.go.jp/saigai/senmonka_g16.html
\*7 日本語で，《 》(二重山括弧)の使い方に決まった約束はないようです．例えば，現在でも参考にされている以下の文献にも記述は見当たりません．文部省教科書局調査課国語調査室編『くぎり符号の使ひ方〔句読法〕(案)』1946, http://www.bunka.go.jp/kokugo_nihongo/joho/kijun/sanko/pdf/kugiri.pdf. 一応，長瀧氏の文章では，《サイエンス》も《ポリシー》も，ともに外来語を用い，二重山括弧に入れることで，様々な社会的価値づけを離れて「科学」「政策」という概念をそのまま論じたかったのではないかと推測しておくことにします．
\*8 武谷三男『安全性の考え方』岩波新書，1967．「科学的な」の「的な」を「を

メタな事実です．

　「因果関係の証拠が得られない」という，科学的事実の不在を示すメタな事実を「科学的な事実=《サイエンス》」のレベルに位置づける認識は，証拠が得られないなら，その不明な部分を意識し追求する科学的態度ではなく，不明な部分は存在しないとする専門家の態度と親和性が高そうです．

　もう一つ事例を見てみましょう．

　「100 mSv を超えると直線的にがん死亡リスクは上昇しますが，100 mSv 以下で，がんが増えるかどうかは過去のデータからはなんとも言えません．それでも，安全のため，100 mSv 以下でも，直線的にがんが増えると仮定しているのが今の考え方です．

　仮に，現在の福島市のように，毎時 $1\mu$Sv〔マイクロシーベルト〕の場所にずっといたとしても，身体に影響が出始める 100 mSv に達するには 11 年以上の月日が必要です．」[*9]

---

　　　めぐる」と読むことは可能で，それならばこれも「科学的な事実」と言えなくはないのですが，その場合，「科学的な事実=《サイエンス》」という等置は成立しなくなります．なお，低線量被曝の健康や生態系への影響を示す研究は実は少なからず存在しており，長瀧氏が《サイエンス》として称揚する UNSCEAR の 2010 年報告書も，生体の機序をめぐり，「現在，手に入る証拠は，低線量および低線量率において癌を誘発する変異要素については反応にしきい値がないことを支持する傾向がある」と述べています（UNSCEAR, 2010, http://www.unscear.org/docs/reports/2010/UNSCEAR_2010_Report_M.pdf）．低線量放射線の生態系への影響についても，例えば，Møller, A. P. and Mousseau, T. A.（2007）"Species richness and abundance of forest birds in relation to radiation at Chernobyl," Biology Letters, vol. 3, pp. 483–486, http://cricket.biol.sc.edu/chernobyl/papers/Moller_&_Mousseau_BL_2007b-1.pdf（抄録の日本語訳が http://trans.trans-aid.jp/viewer/?id=21548&lang=ja にあります）が，UNSCEAR などいくつかの国際機関が参加してまとめたチェルノブイリ・フォーラム報告書の結論と相反する調査結果を報告しています．他に，「因果関係の証拠」という表現についても考えることができますが，ここでは扱いません．

*9 　中川恵一「放射線の「正しい」怖がり方とニュースの読み取り方を知る」KK

「100 mSv 以下で,がんが増えるかどうかは過去のデータからはなんとも言えません」という科学的知識の限界を出発点として,ここでの主張は奇妙な展開を見せています.

　まず,「過去のデータからはなんとも言えません」で終わる文と「安全のため,100 mSv 以下でも,直線的にがんが増えると仮定している」という文が「それでも」でつながれている点に注目しましょう*10. 100 mSv 以下では「なんとも言えない」だけで,がんが増えないことが確認されたわけではないのですから,安全のために100 mSv 以下でも気をつけるのは当然です*11. ですから,ここで用いられるべき自然な接続詞は「ですから」のはずです.

　以下の二文を較べてみましょう.

---

news 2011 年 8 月 22 日,http://www.kknews.co.jp/kenko/2011/0822_5a.html

*10　なお,いわゆる線形しきい値なしモデルは,現在手に入る様々な知見にもとづいて科学的に最も妥当性が高いと広く判断され受け入れられているもので,単に放射線防護のために安全側にとったものではありません.これについては,米国科学アカデミーの BEIR VII 報告書 Committee to Assess Health Risks from Exposure to Low Levels of Ionizing Radiation, Board on Radiation Effects Research, Division on Earth and Life Studies, National Research Council of the National Academies (2006)"Health Risks from Exposure to Low Levels of Ionizing Radiation: BEIR VII, Phase 2," National Academies Press (http://www.nap.edu/openbook.php?isbn=030909156X),ICRP Publication 103 (2007) のほか,以下も参照.Pearce, M. S. et al. (2012) Lancet, vol. 380, pp. 499–505 (第 1 章脚注 12 参照),Brenner, D. J. et. al. (2003)"Cancer risks attributable to low doses of ionizing radiation: Assesing what we really know," Proceedings of the National Academy of Science of the USA, vol. 100 (24), pp. 13761–13766.

*11　「当然」というのは,単に筆者の主観ではなく――次章でより詳しく見ますが――社会的に受け入れられた基準に照らして導かれる帰結です.例えば 2000 年の第二次環境基本計画 (http://www.env.go.jp/policy/kihon_keikaku/plan/kakugi121222.html) には,予防的措置が重要な柱の一つとして明記されていますし,子どもに関しては,1997 年に採択された「子供の環境保健に関する 8 カ国の環境リーダーの宣言書」(G8 マイアミ宣言:http://www.env.go.jp/earth/g8_2000/outline/1997.html) で「我々は,暴露の予防こそが子供を環境の脅威から守る唯一かつ最も効率的な手段であることを断言する」とされています.

(1) 100 mSv 以下で，がんが増えるかどうかは過去のデータからはなんとも言えません．この問題について科学は現在，結論を出すに十分な知見を有していないのです．それでも，安全のため，100 mSv 以下でも，直線的にがんが増えると仮定しています．

(2) 100 mSv 以下で，がんが増えるかどうかは過去のデータからはなんとも言えません．この問題について科学は現在，結論を出すに十分な知見を有していないのです．ですから，安全のため，100 mSv 以下でも，直線的にがんが増えると仮定しています．

こうして見ると，「それでも」という接続詞を使うことの不適切さが際立ちます．

それにもかかわらず「それでも」を使うことで，「100 mSv 以下で，がんが増えるかどうかは過去のデータからはなんとも言えません」という記述が科学の無能を示していること自体が曖昧になってしまいます．それを引き継いで，次の段落では，いつのまにか，「身体に影響が出始める 100 mSv」と，あたかも 100 mSv 以下では健康被害は存在しないことがわかったかのような表現が使われています．

科学的活動の基本は，私たちが小学校で習ったように「わからないこと」を明らかにすることにあります．それに照らして考えると，「わからないこと」をあたかも存在しないことであるかのように見なす態度は，極めて非科学的な態度であると言うことができます．

このような非科学的な態度は，原子力をめぐる他のテーマでも見うけられるようです．例えば，東洋大学社会学部教授の渡辺満久氏は，2012 年 11 月 4 日に開催された原子力規制委員会の「大飯発電所敷地内破砕帯の調査に関する有識者会合」で，活断層の定義をめぐり，「これまでは，「確認できない」ことを「活動していない」と

して誤魔化してきた」と述べています*12.

現在の科学ではわかっていないこと,すなわち科学の限界を,存在しないことが明らかにされたこと,すなわち科学の勝利とすり替えてしまう議論は,不幸なことに,一定の広まりを見せています.例えば,ジャーナリストの櫻井よしこ氏は,2012年12月8日,郡山市で行った講演で,「放射線には幅広い意見があるが,政治家は事実を見るべきだ.人類がもつ科学的事実は広島,長崎,チェルノブイリの疫学データしかない.国連科学委員会や国際放射線防護委員会は100ミリシーベルト以下の影響に有意性はないと結論づけている」と述べ,「科学的根拠のない年1ミリシーベルトを除染の基準にして大量の土砂を積み上げ,自分たちで新たな問題をつくり出している.大人は年20ミリシーベルト,子どもも10ミリシーベルトまでは大丈夫と,国の責任で言わなければならない.町村議は住民と一緒にうろたえていてはいけない」と「言い切った」そうですが*13,この発言の背景にも,科学の限界と科学的知見の取り違えがあります.

さらに,「わからないこと」を存在しないことと等置することが当たり前になってしまうと,誰が何を明らかにしなくてはならないかの責任関係も錯綜してきます.例えば,原子力規制委員会が日本原子力発電敦賀原発の原子炉建屋直下に活断層がある可能性を指摘したことに対し,電気事業連合会の八木誠会長(関西電力社長)は2012年12月14日,「正直言って科学的,技術的に十分な根拠が示されたとは理解できていない」と述べていますが*14,「十分な根

---

*12 「大飯原子力発電所敷地内の活断層」http://www.nsr.go.jp/committee/yuushikisya/ooi_hasaitai/data/0002_14.pdf
*13 「桜井よしこさん「除染基準の緩和が必要」郡山で講演」河北新報2012年12月9日
*14 「敦賀活断層指摘「科学的な根拠が不十分」電事連会長」朝日新聞2012年

拠」をもって示されるべきなのは「活断層が存在しないこと」であって，逆ではありません．

## 2.4　現実とは私が想像することである

　循環論，結論から遡って議論を構成する循環的な議論の形式，それを成り立たせるために結論にそぐわないことについてはなかったことにするような立論がさらに進んで，自らの主張を有意味なものに見せかけるために必要な世界を想像の中で積極的に構成することに発展する場合もあります．

　次の発言は，東京大学医学部附属病院准教授の中川恵一氏によるものです．

「今回の原発事故は，私たちが「リスクに満ちた限りある時間」を生きていることに気づかせてくれたとも言える．たとえば，がんになって人生が深まったと語る人が多いように，リスクを見つめ，今を大切に生きることが，人生を豊かにするのだと思う．日本人が，この試練をプラスに変えていけることを切に望む．」*15

　発言者の専門性を反映し，最低限，現実に対応していると考えられるのは，「たとえば，がんになって人生が深まったと語る人が多い」という，医療現場での観察をおそらくはそれなりに反映しているだろうと見なすことが不可能でもない部分です．この部分はまず，「リスクを見つめ，今を大切に生きること」に一般化されま

---

　　12月14日．このように倒錯した発言をメディアがただ伝えるだけというのも奇妙なことです．
*15　「崩壊した「ゼロリスク社会」神話」毎日新聞 2011 年 5 月 25 日

す.

　がんになったことはリスクの具体的な帰結・顕現形態であってリスクそのものではありませんから，がんになったことをリスクへと一般化する部分にはいささかの齟齬があるのですが，ここで確認したいのは，その点ではなく，次の二つの点です.

　第一は，「今回の原発事故は，私たちが「リスクに満ちた限りある時間」を生きていることに気づかせてくれた」という主張が，現実的に妥当かどうか，です．この部分は，「崩壊した「ゼロリスク社会」神話」という表題と合わせて，中川氏の主張を意味づける中核を担っているのですが，残念なことに，端的に誤りです．というのも，そもそも「「ゼロリスク社会」神話」が人々の間に存在するという考え自体が幻想にすぎず[*16]，存在しないものが崩壊することはありえませんから，原発事故により「「ゼロリスク社会」神話」が崩壊することはありえません.

　第二に，「ゼロリスク社会神話」なるものがそもそも存在しなかったのですから，今回の原発事故で「ゼロリスク社会神話」の崩壊を認識し「リスクに満ちた限りある時間」を生きているという当たり前のことに今さらながら気づいた「私たち」も存在しません.

　仮にそんな存在が日本人の一部に認められたとしても，そこには，

---

\*16　Public Perceptions of Agricultural Biotechnologies in Europe: Final Report of the PABE Research Project, 2001, http://csec.lancs.ac.uk/archive/pabe/docs/pabe_finalreport.pdf. この報告書は，科学技術の社会的な応用に関わる政策に対して「市民はゼロリスクを求める」がゆえに反対するという，政策立案者や科学者がしばしば抱く想定が誤りであることを実証的に示しています.

　それとは別に，メディアでは，これまでも，大きな事故や事件が起きた際に，ゼロリスク社会神話が崩壊したという議論が繰り返し出てきていました．何度「崩壊」しても執拗に「ゼロリスク社会神話」が生き延びているかのようにメディアに登場すること自体，「市民はゼロリスク社会神話を抱いている」という状況が現実には存在しないことを示唆しています．むしろ「市民はゼロリスク社会神話を抱いている」という考え自体が神話であると言えそうです.

放射線への感受性が高いためにより大きなリスクを負っている福島そして日本の子どもたちも，事故を起こした原発で働いており高い被曝を受けている人々も，原発に近いため，あるいは風向きから，生計をたてるための中枢を担う産物を汚染された生産者も，その影響を受ける加工・流通・小売業者も，行政の不作為による子どもの被曝を心配する親たちも，他の多くの人たちも，含まれるとは考えにくいでしょう．

「がんになって人生が深まったと語る人が多い」という「専門的」観察を，より一般的な状況に適用するために，この発言は，現実とかけ離れた幻想の世界——これまで信じていた「ゼロリスク社会神話」を2011年3月に起きた原発事故後，突如として失い，リスクに満ちた社会に生きていると気づいた「私たち」からなるパラレルワールドとしての日本——を創造してしまっているのです．

日本語で創作を行っている詩人のアーサー・ビナード氏は，エッセイの中で，ヘニー・ヤングマンというコメディアンが残した次のような小咄を紹介しています．

「わたしのかかりつけのドクターは，とてもいい人でね……手術が必要だと分かって，でも患者はその費用がどうにも払えないって場合，彼は逆にレントゲン写真のほうを，きれいに修正してくれるんだ」[17]

レントゲン写真を修正することで病気が治ればよいのですが，残念ながら，多くの場合はそうはいきません（たぶんこれは，「科学的な事実=《サイエンス》」です）．

---

[17] アーサー・ビナード「手術 vs. 修正」『亜米利加ニモ負ケズ』日本経済新聞出版社，2011, p.39

避難や除染，放射能汚染実態の丁寧な調査と情報共有にもとづく行政や関連機関，市民の様々な共同作業によって，少なくとも現在よりは被曝の危険を減らせる手立てをとることが可能な状況で発せられた「崩壊した「ゼロリスク社会」神話」のような言葉は，そもそも言葉そのものが現実から乖離した想像の要素を導入しないと成り立たない空疎なものであるだけでなく，状況に対して不適切でもあります．

　また，原子力発電所について，原子力関係者はずっと「絶対安全」と言い続けてきました．そうした背景を考えると，事故が起きたとたんに市民の側に「ゼロリスク社会神話」があるとの前提で話を始めるのは，控えめに言っても奇妙なことです．

　それにもかかわらず，あたかも意味があるかのようにそれを語る「専門家」というものが存在してしまい，メディアがその言葉を無批判に伝えてしまう状況では，一方で，私たちの誰もが現在進行中の事態をめぐる議論の内部で現実と乖離した不毛な饒舌を何か意味があるかのように見なしてしまう危険に晒されていますし，他方で，そのような空疎な発言をなす専門家やそれを伝えるメディア，さらに科学そのものに対し，信頼を担保する構造自体が蝕まれることになります．

## 2.5　私たちが正しいと思っていることは私たちが正しいと思っているがゆえに正しい

　これまで見てきたような循環論的「根拠づけ」の構造は，個人の発言内部に留まるものではありません．専門家を含む複数の関係者による相互の「根拠づけ」も，少なからず見られます．

　2012年1月13日，東京新聞は次のように報じています．

「原発関係の検査を行う独立行政法人原子力安全基盤機構（JNES）が作成した核燃料の検査方法の要領書（手順書）が，検査を受ける側の燃料加工会社が作った書類を「丸写し」する手法で作成されていたと，同機構の第三者委員会が 12 日，発表した．」[*18]

検査を受ける側は，基本的に「安全を宣言する」という結果を求めます．ですから，その立場で作られた検査手順書が「安全を宣言する」という目的／結果を最初に置いて，それを実現するかたちで作られると考えるのは自然なことです．個人における知識の形式としてではなく，集団が構成する知識と議論の形式としても，目的と結論から遡及的に論理を構成する操作がここにも観察されます．むしろ逆に，個人の循環論的発言は，仲間内の支え合いにもとづいてなされるのかもしれません．

原発に関連する組織の間で，こうした状況が広まっていたことは，原子力安全・保安院や原子力安全委員会に関する国会事故調の報告書からも窺い知ることができます．報告書は，東京電力の福島第一原発事故の根源的原因の一つとして，次のように述べています．

「安全委員会は，……全電源喪失の発生の確率が低いこと，原子力プラントの全交流電源喪失に対する耐久性は十分であるとし，それ以降の，長時間にわたる全交流電源喪失を考慮する必要はないとの立場を取ってきたが，当委員会〔国会事故調査委員会〕の調査の中で，この全交流電源喪失の可能性は考えなくてもよいとの理由を事業者に作文させていたことが判明した．」

「今回の事故は，これまで何回も対策を打つ機会があったにもか

---

[*18] 「原子力安全基盤機構 検査手順丸写しまん延」東京新聞 2012 年 1 月 13 日

かわらず,歴代の規制当局及び東電経営陣が,それぞれ意図的な先送り,不作為,あるいは自己の組織に都合の良い判断を行うことによって,安全対策が取られないまま 3.11 を迎えたことで発生した」[*19]

つまりここでは,規制する側とされる側がともに安全であるとお互いに言いあうことで,外的・客観的な安全性の根拠を検証することなしに,原子力発電所の安全は確保されていると主張してきたことが示されているのです.

相互のもたれあいにより内部的に確認された安全の保証に根拠がないことは,それが循環的であることから明らかであると同時に,事実として東京電力福島第一原発事故により完全に露呈しました.それにもかかわらず,私たちは,事故後にもなお,そうした空疎なふるまいが繰り返される状況を目にしています.

例えば,2012 年 1 月 18 日,東京電力が提出した柏崎刈羽原発の「ストレステスト」結果に対して,原子力安全・保安院は,「福島原発事故のような状況に至らせない対策が講じられている」との評価を与えています.また,2012 年 3 月 13 日,原子力安全委員会は,関西電力大飯原発安全評価の一次評価について,保安院が妥当とした審査書の内容を大筋で了承しています.

事故そのものが明らかにし,国会事故調報告書でも明確にされていることの一つは,保安院と安全委員会自体が,「福島原発事故のような状況に至らせ」た要因の一部であることです.ですから,保安院が「福島原発事故のような状況に至らせない対策が講じられている」との評価を与えたり,安全委員会が審査書の内容を了解した

---

*19 東京電力福島原子力発電所事故調査委員会(国会事故調)報告書,2012 年 7 月 5 日,p. 11

りすることで，現実に「福島原発事故のような状況に至らせない」ことを保証することは決してできません．それにもかかわらずこうした行為が続けられることは，無根拠な——さらに言うと現実に反することが示された——状況に恣意的な「根拠」を与え合う循環的な構造が組織的に機能し続けていることを示しています．

## 2.6　事故から目を逸らす最善の手段は既存の知識で事故を見ることである

本章で見てきたほかにも，第1章で少し見たように，専門家は，後に事実により否定されるような発言を少なからず行ってきました．原発と利害関係があったり原発事業者から資金供与を受けているために，事実に反することを知りながら意図的に一定の発言を行った専門家もいるかもしれません．けれども，事故後に跋扈した発言と発言者の範囲は，それで説明できる範囲を越えています[20]．

何ら現実との接点をもたないトートロジカルな議論，結論から遡及的に作り上げられた議論，科学的知見とその限界をめぐり「科学的」であることの曲解に支えられ，また，現実には存在しない捏造された文脈や状況により意味づけされた主張，これらはいずれも，自分が有する専門的知識が現実と乖離したときに，専門的知識を優先する機制と見ることができます．

これに対して，事故はほとんど定義上，既存の知識を逸脱しているからこそ事故なのですから，事故をめぐってなされた発言が専門

---

[20] 鬼頭秀一「福島原発事故由来の低線量被曝問題にかかわる科学者の倫理」福島大学原発災害支援フォーラム・東京大学原発災害支援フォーラム『原発災害とアカデミズム——福島大・東大からの問いかけと行動』合同出版，2013，pp. 80-104 にも，直接の利害関係ではない「何か」を守ろうとしたらしい一部の大学教員の行動が紹介されています．

的知識にしがみついたものである場合，現実により否定されることが多くなるのはあまりに当然です．「想定外」という言葉は，仮にそれが言い訳としてではなく実感として出されたものであるとすると，いわば専門性に対する科学的であることの敗北からくる認識と言うことができるでしょう（さらに言うと，わからないことに対して非科学的な態度をとる「専門家」が，自らの発言を科学的と見なしていることが，問題を悪化させます）．

歴史を振り返ると，専門的知識は，危機を前に同様のことを繰り返してきたことがわかります．例えば，水俣病の研究で著名な原田正純氏は，次のように述べています．

「しかし，荒畑寒村はその名著『谷中村滅亡記』(明治10年)の中に「被害地の惨それすでにかくのごとく，被害民の窮状また日を追うて甚だし．今，これを同年の統計により見るに，全国無害の地に比すれば，他国において生る者六にして死する者二なるに，憐れむべし，毒気激甚の地に至りては，生者二にして死者六なり．しかも生者の二すら，毒を飲み，毒を喰い，やがては毒に死すべき薄幸の人なり」と住民の健康被害について記載しており，鉱毒反対運動の「鉱毒歌」に「人の体も毒に染み，妊めるものは流産し，はぐくむ乳に不足なし，二つ三つまで育てるも，毒のさわりに皆たおれ，又悪疫に流行し……」と歌われているというが，いわゆる医学的な記録(データ)として健康被害は残っていない．いや，正確に言うと残っている医学調査論文はいずれも環境汚染による健康被害を否定しているのである．」[21]

---

[21] 原田正純(2012)「いま，水俣学が示唆すること」『科学』，vol. 82(1), p. 71

原田正純氏はまた,胎児性水俣病について,次のように書いています.

「そこ〔引用者注:明神崎〕でとある一軒の家の縁側で遊ぶ二人の少年と,私は運命的な出会いをすることになる.二人の少年が兄弟であることは,一目でわかった.しかも,同じような障害をもっている.最初は警戒していた母と子も,私たちが熊本大学の医師と知ると,いろいろな話を聞かせてくれた.この母の夫,つまりこの兄弟の父は,私たちの熊本大学神経精神科に入院し,「原因不明の小脳失調症」と診断されて,1955(昭和30)年5月に亡くなっていた.もちろん,後に水俣病であることが判明したのだった.その二人の子どもたちは,診たところ全く同じ症状を呈していた.母親によると,兄は小児水俣病であり,弟は小児麻痺だという.「どうして」と聞く私に,「先生たちがそう言っているではないですか.下の子は魚を食べておらんとですたい.生まれつきです」と言って母親は皮肉っぽく笑った.心地よい潮風に誘われて,そのまま縁側に座り話し込む.そこで聞かされたのは,実に驚くべきことであった.生まれつき同様の症状の子どもたちが,この水俣病多発地区に,それこそ多発しているというのである.

「毒物は胎盤を通らない」.これが当時の医学上の定説であった.母親が毒物を摂食した結果,重篤な症状を発症したなら胎児に影響が出るかもしれないが,母親に大した症状もなく,胎児にだけ重篤な障害を与えるなどということは信じられなかったし,そのような報告は世界中になかった.」[22]

---

[22] 原田正純『豊かさと棄民たち――水俣学事始め』(双書 時代のカルテ)岩波書店,2007, pp. 26-27

いずれの場合も，「一般の通説」や定説(それが通説や定説とされるのは専門家がそうみなしたからです)という，その時点で確立したとされている「専門的知識」に従って，それによっては説明できない現象が排除される構造が認められます．「これまでの専門的知見にもとづいて考えると水俣病とは思えない」，「したがって水俣病ではない」(という枠組みの中で，そもそも水俣病であるとはどういうことなのかの検討も，水俣病であるかどうかの検査も十分に行われず，それがさらに「水俣病ではない」という結論を強化します)は，本章で見てきた循環論と本質的に同じかたちをしています．

　このような事例は，科学そのものに対して，大きな問題を提起します．というのも，何らかの結論を想定し，そこから対象のあり方を捉えたり観察する対象を限定したりすること自体は，「結論」を「仮説」と読み替えればすぐさま明らかになるように，仮説検証という，科学で通常用いられる手続きの一つに極めて近いからです．

　しかも，ある仮説をもったとき，人はその仮説に合致する現象を優先的に認識する傾向があることは，心理学の領域で「仮説確証バイアス」としてよく知られており，さらに，そうしたバイアスも含めて一定のところまで科学的探求を推進すること自体は，必ずしも科学そのもののプロセスとして悪いことではないからです．

　では，どうすればよいのでしょうか．三度，原田正純氏の言葉を引用します．

「一般的に定説と言われるものは，多くは仮説である．ある時期までの研究によって得られた結果でしかない．それは常に，新しい事実によって変革され，書き直されるべきものである．しかし，しばしばその定説が権威をもつと，それを守ろうとする権威者が出てくる．そうした発想は，権威を守ることに執着するだけでなく，新

しい事実や発想に蓋をしてしまう作用をすることになる．何の疑いもなく権威を守り，新しい事実に目をつぶること，それは真の権威ある者，医学(科学)するものの態度とは言えない．とくに，近年発生する公害事件は，水俣病と同様に人類が初めて経験することが多い．たとえば，原子爆弾による被害がそれであり，カネミ油症事件，枯葉剤汚染事件すなわちダイオキシン汚染事件，超音波の影響による被害，アスベスト汚染などがいずれもそうである．人類がはじめて経験する事件であるということは，もともとどの教科書・研究書にも実験データも経過の記録もないということを意味する．したがって，こうした事態にはじめから対処しうる専門家などはいないはずなのである．新しく学ぶとすれば，それは被害者自身からでしかない．教科書は現場にしかない．いや，それができなければ専門家〔引用者注：本書の言葉では「科学者」〕ではない．問題は人類初の経験であるという謙虚さを，専門家がもっているかどうかである．事実を知らないいわゆる専門家が謙虚さを失った時，どれほど社会に弊害を残すことだろうか．」*23

科学的知見のほとんどが本質的には仮説であって，時代が進めば

---

*23 前掲書，pp. 26-28. 関連して，統計学を専門とする東京大学名誉教授の松原望氏は，水俣病をめぐりチッソ工場長が述べた「一例でもってね，判断するというのは非常に危険ですからね」という発言について，次のように述べています．「「1例で判断するな」ということは，私がいつも統計学の授業で学生に言っていることです．私は統計学の論理をこのような場面に持ってくるのは，統計学者として甚だ迷惑だと考えています．だって，統計学の立場からすると「1例で判断するな」ということは，ごくあたりまえのことなのですから．しかしこの論理を水俣病のような場合に使ってはいけない，のです．また，「1例で判断するな」というセオリーと同時に，「1例でも非常に重要なことだったら，その1例をうたがうべきだ」と統計学は考えるべきです．」松原望「環境学におけるデータの不充分性と意思決定」2001年6月8日，http://www.sanshiro.ne.jp/activity/01/k01/schedule/6_08a.htm

変容を被ったり棄却されたりする可能性を常に伴うことを前提に，いささか科学を理想化して言うならば，科学的主張が酒場の雑談と異なるのは，意見を言う際に常に，その根拠を意見を言う側が明確にすることが，科学においては一応の約束とされている点にあります．

このことをふまえると，「専門的」知見を，挙証責任を伴わずに社会に伝えることは，本人の主観としていかに社会的責任を果たしているつもりだったとしても，実際には科学者としての責任を果たしているとは言えないことになります．そして，当たり前のことですが，科学者として発言する限り，科学者として科学的な態度を保つことは，科学者として社会的な責任を果たすための必要条件です．

先にも述べたように，事故がほぼ定義上，未知の事態であることを考慮するならば，本来，科学者としての発言は，単に既知の知識を，それが妥当すると考えて伝えるのではなく，事故が引き起こした未知の状況に対する具体的な計測と把握を伴っていることで初めて，科学的な議論に求められる挙証責任を果たすことになります．

既往の専門的知見を，それでは捉えられないかもしれない事態を前に述べることは，一見したところ事態に向き合うように見せかけながら，実際には事態から目を背けることになる可能性が大きく，専門家の発言が少なからぬ場合に状況を捉えそこねるだけでなく，事態を矮小化する方向に向くのは，そのような構造的要因から来るものと考えられます．

なお，原田氏が述べる「謙虚さ」を主観的なものとして捉えてしまうと，問題を取り逃してしまう可能性があります．主観的反省として示される謙虚さは，それが切実かつ真摯な場合であっても，しばしば我田引水的な自己愛に陥り，かえって現実と乖離した専門家の謙虚さの欠如を支えることに貢献してしまうおそれがあります．

求められる謙虚さとは，あくまで現場と被害者に向き合い，現場と被害者から学ぶ姿勢のことのはずです[*24].

---

*24 主観的な(したがってあるべき謙虚さとずれた)謙虚さとして，例えば原子力関係者が今回の事故を「反省」し，安全な原発を開発するため「誠実」に原子力研究に勤しむという姿勢を挙げることができるでしょう．また筆者に近いところで言えば「情報リテラシー」の関係者が，原発事故後，何一つ有効な介入ができないことを真摯に反省し，情報リテラシーの発展のためにさらに努力を重ねると宣言するのも，やはり自己愛的反省の典型かもしれません．リテラシーの領域で，そうした自己愛的な立場が典型的に見られる文章として，例えば以下のようなものがあります．足立正治(2011)「混沌を生きるリテラシー」St. Paul's Librarian, vol. 26, pp. 53-56. 児玉英靖(2011)「「情報を評価し，判断する力」と「知性」と「市民性」」St. Paul's Librarian, vol. 26, pp. 48-52. 例えば荒木田岳「大洪水の翌日を生きる」福島大学原発災害支援フォーラム・東京大学原発災害支援フォーラム『原発災害とアカデミズム——福島大・東大からの問いかけと行動』合同出版，2013, pp. 160-177 と比べてみたとき，これらの自己愛的反省のポーズと現実感のなさは際立ちます．

# 第3章 社会的に適切さを欠いた発言は
どのようになされてきたか

2011年3月12日以後,科学に対する信頼が問題になったのは,何よりもまず,科学技術の産物である原子力発電所が事故を起こして汚染をまき散らし,社会に巨大な負の影響を与えたためです.

事故そのものに関して言えば,専門家からなる委員会やそれを背景にした政府の資料などで,絶対安全だ,安心だ,津波や地震に耐えるように設計されている,と繰り返し断言されてきた原発が事故を起こしたのですから,原子力に関わる科学技術の信頼,そしてこれまで安全だと言ってきた関係者の信頼が失われたのは当然です[*1].

---

[*1] 例えば,文部科学省と資源エネルギー庁が2010年に作成した原発に関する中学生向け副読本『チャレンジ! 原子力ワールド』には,以下のような,今やまったく事実と反することが明らかになった記述が含まれていました.この副読本は文部科学省サイトから撤回されています.「原子力発電所を建てる際は,周囲も含めて詳細な調査を行い,きわめてまれではあるが,予定地に大きな影響を与える恐れのある地震を想定し,それを考慮して重要な施設がこわれないような設計を行っています.」「大きな津波が遠くからおそってきたとしても,発電所の機能がそこなわれないよう設計しています.さらに,これらの設計は「想定されることよりもさらに十分な余裕を持つ」ようになされています.」こうした例は枚挙にいとまがありません.もう一つだけ例をあげると,2010年10月27日に開催された「『原子力の日記念フォーラム』~これからの原子力を考える~」の中で,北海道大学大学院工学研究科の奈良林直教授は,「原子力の安全というのは非常に大事なものです.おそらく皆さんは誤解されていると思いますが,チェルノブイリ事故は日本では絶対に起きません」と述べています(もちろん,文字通りにとれば日本に「チェルノブイリ」はありませんから,「チェルノブイリ事故」

信頼とは社会的な評価です.

事故後になされた原発や低線量被曝などをめぐる様々な科学者／専門家の発言には，科学的／専門的知見に対する社会的な意味づけや，科学的／専門的知見と社会的問題をつなぐ社会的な概念が入ってきます．純粋に「科学的」であることを意図した発言であっても，社会との関係で解釈されることになります．

いくつか，放射能汚染をめぐる発言を見てみましょう．

「実生活で問題になる量ではなく，ヨウ素剤が必要となるような被ばくでもない」(共同通信 2011 年 3 月 28 日)

これは，東京都水道局の金町浄水場で 2011 年 3 月 22 日，水道水 1 kg あたり 210 ベクレルの放射性ヨウ素が検出されたことを受けて，国立がん研究センター中央病院放射線治療科長の伊丹純氏が述べた言葉です.

次の発言は，2011 年 3 月の原発事故から間もなくして設定された食品の暫定規制値[*2]について，名古屋大学大学院教授井口哲夫氏(放射線工学)が述べたものです.

---

そのものが日本で起きることはないのですが). なお, 島薗進『つくられた放射線「安全」論——科学が道を踏みはずすとき』河出書房新社, 2013 は, 原発の安全神話と対をなし, 原発事故後も跋扈している放射線の安全神話を批判的に検討しています.

[*2] ここで言及されている暫定規制値は, 2011 年 3 月 17 日に定められたもの. 放射性ヨウ素について, 飲料水や牛乳・乳製品 1 kg あたり 300 ベクレル, 野菜類 1 kg あたり 2000 ベクレル, 放射性セシウムについて飲料水や牛乳・乳製品 1 kg あたり 200 ベクレル, 野菜類, 穀類, 肉・卵・魚など 1 kg あたり 500 ベクレル. この規制値は, 2012 年 4 月に改正され, 2013 年初では, 一般食品 1 kg あたり 100 ベクレル, 乳児用食品 50 ベクレル, 牛乳 50 ベクレル, 飲料水 10 ベクレルとなっています.

「規制値はかなり保守的に厳しく設定された数値．基準内で流通する食品を食べる限り，健康に影響はない」(東京新聞 2011 年 4 月 14 日朝刊)

2011 年 7 月 8 日，「東葛 6 市第 1・2 回空間放射線量測定結果に基づく見解」の中で，東北大学名誉教授中村尚司氏は，次のように語っています．

「〔東葛 6 市の〕数値は $1\mu Sv$ より十分低く，$0.1$–$0.5\mu Sv$ 程度である．この数値は 1 を超えている福島県内の高い地点の値より十分低い．1960 年代の大気圏核実験が世界中で盛んに行われていた頃の東京近辺で，気象庁が長年に渡って測定してきた Cs-137 の空中放射能濃度は今より 1 万倍も高かったことを考えると，この数値は心配の必要が無い．」〔原文ママ〕

1960 年代の放射能濃度が福島原発事故後よりも高かったといった誤った主張とは別に，これらの発言中に，発言者の専門ではない，むしろ社会的了解や法に関わる概念や判断・主張が含まれていることに注意しましょう．「保守的」「厳しく」「健康」「実生活」などは，これら発言者の専門領域で明確にされている概念ではありませんし，また，「この数値」に対する「心配の必要」の有無も，科学では決まりません．

本章では，専門家の発言に含まれている，こうした社会的側面に関する概念や視点が適切かどうかを検討します(その位置づけや効果は次章で考えます)．観察する発言の中には，前章で見たパターンを示すものもあるので，本章の作業は，前章で見たことを別の視点から捉え直すという面をもちます．

## 3.1 私が(無意識に)妥当と思っていることは,皆に,そして社会に,妥当する

日本産婦人科医会は,2011年3月19日,寺尾俊彦会長名義で「福島原発事故による妊婦・授乳婦への影響について」という声明を出しています*3.

本書冒頭で言及したMonreal氏のスライド紹介と同様,真摯な責任感をもって発表されたことが窺えるこの声明は(ぜひ全文を読むことをお勧めします),「30 km以上離れていれば,健康被害はないと考えられ」ると述べ,「誤った情報や風評等に惑わされることなく,冷静に対応されますようお願い申し上げます」と,おそらくは一般の市民(あるいは医師)に向けて呼びかけています.

この声明は,医学的見地からの妥当性以前に,次のような前提を採用している点で特徴的です.

「レベル7であった史上最大のチェルノブイリ原発事故の時でも,約50キロ離れていれば,健康を守るのに十分であった」
「レベル5と判断された,福島原発事故」
「国からの情報は,多くの機関から監視されており,正確な情報が伝えられていると評価されます」

チェルノブイリ事故では,原発から150 kmから300 kmの範囲に義務的移住地域が存在しますし,また,移住権利地域は600 km離れた地点にも存在しています*4. このことは,声明が出た時点で

---

*3 http://www.iwanami.co.jp/kagaku/Sanfujinkaikai.pdf
*4 UNSCEAR 2008 Report, Volume II, Annex D, http://www.unscear.org/docs/

も確認できたことです．また，3月19日の時点で，事故の深刻度がレベル5に収まらないだろうという予測は，心情的に事態を深刻視した人々がたまたま正しかったというわけではなく，科学的にもなされえたものでした．

さらに，本章の話題からはより重要な点ですが，政府が正確な情報を伝えているかどうかという，より社会的な事象をめぐる主張について言えば，国策で推進してきたことの失敗に関して政府が情報を隠蔽しがちであることは，一般に知られています．

この声明は，自らの専門領域外については，科学的知見をめぐっても社会的状況把握をめぐっても誤っていたのですが，限定された情報しか入手できない状況で判断を下さなくてはならないことはあり，その判断が適切でなかったことがのちに明らかになることも当然ありえますから，単に前提となる認識が誤っていたこと自体が信頼を支える構造を崩壊させることにつながるわけでは必ずしもないはずです．

より大きな問題は，むしろ，以下のような点にあります．

(a) 事故とそれに対する政府の情報をめぐって，自らが誤った情報や風評に惑わされていながら，それにもかかわらず，「誤った情報や風評等に惑わされることなく，冷静に対応されますようお願い申し上げます」と他人に呼びかけていること．

(b) 誤った情報を，自らの専門性においてなされるべき判断の前提に置いたことで，誤った情報に加担するとともに，その誤りが明らかになったとき，本来，信頼に値するのかもしれない専門的知見についての疑念も連動して引き起こしてしまうかたちで声明が構成

reports/2008/11-80076_Report_2008_Annex_D.pdf など．

されていること.

なぜこのような声明が出されたのかという問いを立てて, こうした状況を説明することも可能なのでしょうが[*5], 第2章でも見たように, 自分の主張を意味づけるために社会状況について勝手な想像をめぐらして決めつける, 例えば次のような発言が跋扈する可能性はいずれにせよあります.

「東日本大震災と東京電力福島第1原発の事故から1年を迎えましたが,「放射線パニック」は収まる気配がありません. 放射線被ばくによる健康被害は「今のところゼロ」です.」[*6]

そうだとするならば, 市民的な観点からは, そうした発言の理由を求めるよりもむしろ, その効果を診断し, 対応を考えるほうが建設的でしょう. それについては次章でも扱いますが, とりあえずこ

---

[*5] 発信者は,「冷静に対応されますようお願い申し上げます」と他人に呼びかけることができると判断しているのですから, 自らは冷静であると考えていたことが推測されます. けれども, 政府の情報をめぐる認識が誤っていたことを考えるならば, この発言が, 他の人々が冷静さを失っているかどうかを認識した上でなされたものではないかもしれないと推測されます.

それにもかかわらずこのような声明が出された理由として, エリートパニックを疑い, 心理学で言う「投影」を持ち出して, 自分のパニックを他人の中に見ていると説明することも可能かもしれません. とはいえ, そうした理由を与えたとしても, こうした発言の社会的影響への対処とはなりません.

ちなみに,「エリートパニック」は, Tierney, K. "Hurricane Katrina: Catastrophic impacts and alarming lessons." Risking House and Home: Disasters, Cities, and Public Policy. J. M. Quigley and L. A. Rosenthal(eds), Berkeley Public Policy Press, 2008, pp. 119-136 で導入された言葉とされています. 本書では, 以下の文献を参照しました. Clarke, L and Chess, C.(2008)"Elites and panic: More to fear than fear itself," Social Focus, vol. 87(2), pp. 993-1014

[*6] 中川恵一「Dr. 中川のがんの時代を暮らす:30 リスクを見る目を養う」毎日新聞 2012年3月11日. この発言については, 次節で扱います.

こでは，専門外のところで誤った認識にもとづく発言があること，そしてその一部は，その発言の受け取り手に関するものであること，を確認しておくことにします．

## 3.2 私の知らないことは存在しないし，私は法律も法的考え方も法の理念も知らない．私は専門家なのだから

次の発言を見てみましょう．

「原子力の損失が自動車利用の損失とさほど違わないものであることはたしかだろう．しかし，交通事故で人が死ぬから自動車の使用を止めろ，といった意見はおよそ聞いたことがない．これは人々が自動車を必要だ，と認識し，この程度の損失はその必要性にくらべて仕方がない，と考えているからだろう．それなら，原子力を人々に受け入れてもらうためには，原子力を自動車と同じように重要だ，と理解してもらうことが必要である．」

地球環境産業技術研究機構理事長の茅陽一氏が日本原子力学会誌第54巻8号(2012年)に寄稿した巻頭言「原子力と自動車の安全性」からの引用です．

ここで確認したいのは，茅氏が「原子力の損失が自動車利用の損失とさほど違わないものである」と述べていることの根拠がきちんとしたものなのか，そもそもこのような場合に「損失」を語ることが妥当なのか，妥当だとしても，低線量被曝の影響について損失を計算できているのか，損失が過小評価されているのではないか，といった点ではありません(これらの点についても検討は必要でしょうが)．

そうではなく，「それなら」という接続が示唆する展開が，交通

事故と原発を比べる際に,(法的判断の際にも考慮される)以下のような要因が完全に漏れ落ちているために,社会的な合理性を著しく欠いている点です.

(1) 被害者の立場の非交換性. 交通事故と異なり,原発事故では,潜在的に被害者が加害者の立場に取って替わるという立場の互換性がないこと.

(2) 被害の回避困難性. 原発事故は,環境の破壊をともなうものであり,住民が被害を回避する手立てをとることが不可能あるいは交通事故と比べても著しく困難であり,被害者の過失は通常想定しがたいこと.

(3) 加害行為の利潤性. 原発事故は,電力会社の発電事業の過程において起きるものであり,電力会社の被害回復責任は大きいこと. 交通事故との対比では,自動車産業に対して安全性の向上を求めることに対応するのであって,個別の事故に対応するのではなく,自動車と交通の安全性向上は,歴史的に求められ続けてきたこと.

(4) 加害行為の継続性. 汚染は長期にわたり被害をもたらすおそれがあること.

(5) 被害の予測不可能性. 回避困難性とも関わるが,交通事故と比べて,場所的にも,内容的にも,時間的にも予測が極めて困難であること[7].

---

[7] 日本弁護士連合会編『原発事故・損害賠償マニュアル』日本加除出版, 2011, pp. 1-5 をもとに一部変更・加筆. なお,リスクコミュニケーションの研究では,茅氏が持ち出したような比較は,リスクの説明において最低ランクの比較とされているものです. これについては,次の文献を参照. Covello, V. T. et al.(1988) "Risk communication, risk statistics, and risk comparisons: A manual for plant managers," Washington DC: Chemical Manufacturers Association, http://www.psandman.com/articles/cma-bibl.htm

(6)代替手段の有無.原発の目的は電気を生産することであり完全な代替手段があるが,自動車がカバーする交通手段を完全に代替する手段はないこと.

　ここには,科学の社会的位置づけをめぐる,とても重要な点が二つ含まれています.第一に,私たちの社会は,そもそも,被害やリスクの問題を扱うにあたってこれらの視点を考慮に入れるという前提で成立している,という点です.
　司法的な判断からも,この点は窺われます.例えば,1999年9月10日に大阪地裁堺支部が出した学校給食O-157食中毒死亡事件裁判判決は次のように述べています.

「学校給食が学校教育の一環として行われ,児童にこれを食べない自由は事実上なく,献立についても選択の余地がない.調理も学校側に全面的にゆだねているという学校給食の特徴や,学校給食が直接体内に取り入れるものであり,何らかの瑕疵があれば直ちに生命・身体への影響を与える可能性がある,学校給食を食べる児童が,抵抗力の弱い若年者であることなどからすれば,学校給食について,児童が何らかの危険の発生を甘受すべきとする余地はなく,学校給食には,極めて高度な安全性が求められている.」

　ここでは,立場の非交換性と被害の回避困難性が考慮されていることがわかります.
　茅氏の発言に戻れば,仮にある尺度によって,数値として「原子力の損失が自動車利用の損失とさほど違わない」ものだとしても(それが「たしか」であるかどうかは疑問なしとしないのですが),社会的な許容度はそれだけでは決まりません.それが決まらないのは,社

会や市民の側が「非科学的」で不合理だからではいささかもなく，原発事故後に「科学的」であると称してなされた発言の少なからぬものが，社会事象をめぐる合理的判断に関わる要因をまったく扱えていなかったからに過ぎません．

ある領域における「科学的」知見のみをもとにした判断が社会的妥当性を有するかどうかは，その「科学的」知見からは決まりません．あたかもそれが決まるかのようにみなす態度は，単に無知なだけかもしれませんが，そうでないとしても，ある対象を捉えようとする際にそもそも不適切あるいは不十分な考え方や手法しか用いていないという意味で，非科学的なものです．

研究者として錚々たる経歴をもつであろう茅氏が，こうした(基本的には中学・高校の公民で習う範囲から外挿可能な)社会的要因を自分が考慮していないことについて，意識さえできていないこと，同時に狭義の「科学」の限界について無自覚なまま，非科学的な態度で議論を展開していることは，注目に値します．

第二に，「回避困難性」や「予測可能性」は，純粋に科学においてではないにせよ，工学においては真剣に考慮され，また専門家の側からきちんと議論が提示されてしかるべき属性ですから，こうした点への配慮なしになされる「原子力を自動車と同じように重要だ，と理解してもらうことが必要」といった発言は，工学の専門家の発言としても妥当性に欠く，という点です．

茅氏の発言を普通に読むときに，法律や工学の基本的な手続きの観点から問題を検証することは少ないかもしれませんが，「何か変だ」という印象をもつ方は多いだろうと推測されます．ここで見たように，そのような印象は単なる主観的な感じ方の問題ではなく，社会の約束事や科学／工学の基本的な手続きに照らして，根拠があることなのです．

ちなみに，引用文は次のように続きます．

「私は先に述べたように人類が作り出した唯一の人工エネルギーであり，脱炭素の意義も大きいことを考えると，それだけの重要性はあると思う．そしてそれだけの原子力の重要性を世の中に向け強く主張する方法をぜひ関係者皆で知恵をしぼるべきではないか．」

この部分は，第2章で論じたように，そもそもこの議論が，結論ありきで作られたものである可能性を示唆しているように読めます．とすると，この発言は政治的発言であり，その点で，科学者の科学的発言はいかに誤ったか，ではなく，科学者はいかに政治的な発言を科学的な発言であるかのようになし，そしてその政治的発言はいかに誤ったかと問うほうが，問いとしてはより適切なのかもしれません[*8]．

前節の末尾に挙げた，次のような発言を考えてみましょう．2012年3月11日，毎日新聞東京版朝刊に掲載された「Dr. 中川のがんの時代を暮らす：30 リスクを見る目を養う」の中で，東京大学医学部附属病院准教授の中川恵一氏は次のように述べています．

「東日本大震災と東京電力福島第1原発の事故から1年を迎えましたが，「放射線パニック」は収まる気配がありません．放射線被ばくによる健康被害は「今のところゼロ」です．」

---

[*8] 仮にそうであり，科学者やいわゆる科学に関連する分野の専門家が原発事故後になした多くの発言が単に政治的発言であったとするならば，科学への不信は，科学の存在にではなく，科学の不在に向けられたものと考えることもできますが，あまり上滑りの推論を重ねることはやめておくことにします．

「「放射線パニック」は収まる気配がありません」という部分には,第2章で見たように,自分の主張に意味合いをもたせるために現実には存在しない状況を想定するメカニズムが観察されますが[*9],それとは別にここで注目したいのは「健康」という言葉です.

WHO憲章は,「健康」を次のように定義しています.

「健康とは,病気ではないとか,弱っていないということではなく,肉体的にも,精神的にも,そして社会的にも,完結した状態にあることをいいます.」[*10]

日本政府はWHO憲章を1951年に批准しています.第1章の脚注8でも述べたように日本国憲法第98条2項の規定に従って,日本の法律においては批准された条約は自動的に法的拘束力をもちますから[*11],日本社会で健康について公の議論をする際には,この定義が基本的な参照点となります.

---

[*9] ただし,「放射線パニック」は「 」で囲まれています.「 」は「対話・引用語・題目,その他,特に他の文と分けたい」場合に用い,そこから派生して,通常とは別の意味合いで使うことを示唆する場合に用いられるので,穿った見方をすれば,中川氏もこの部分に実証的根拠がないことは意識していたのかもしれません.文部省教科書局調査課国語調査室編『くぎり符号の使ひ方〔句読法〕(案)』1946. http://www.bunka.go.jp/kokugo_nihongo/joho/kijun/sanko/pdf/kugiri.pdf

[*10] 日本WHO協会による訳を一部改変. http://www.japan-who.or.jp/commodity/kensyo.html

[*11] ただし裁判等で直接条約の文言を判断の根拠に利用できるかどうかは文言の具体性にもよるようです.条約を判決において積極的に適用した例として,外国人であることを理由に宝石店への入店を拒否された女性をめぐる訴訟の例があります.1998年6月16日に起きたこの出来事をめぐり,入店を拒否された女性が起こした損害賠償訴訟で,1999年10月12日に静岡地裁浜松支部が言い渡した判決は,入店を拒否した宝石店側に150万円の支払いを命じていますが,その際,人種差別撤廃条約を適用しています.

その定義に従えば——したがって法に従えば——，中川氏が言うように，仮に「放射線パニック」が起きているならば，健康被害は「今のところゼロ」であるとは言えません．さらに，2013年初に至っても，依然として多くの人が仮設住宅での避難生活を余儀なくされている状況は，「社会的にも，完結した状態」からは程遠いもので，「健康被害」であると言うことができます．

　社会的な議論の参照点として求められる法的な概念を軽視した発言は，他にも複数見られます．次の発言は，やはり中川氏の発言です．

「柏市の公園などでの線量は，高いところでも1時間当たり0.5マイクロシーベルトくらいです．この環境に24時間ずっといた場合，内部被ばくも含めた年間の被ばく量は5〜6ミリシーベルト程度になります．屋内の線量は屋外よりずっと低くなるため，実際の被ばく量は，この値よりかなり低くなります．小さなお子さんでも普通に遊ばせてよいと思います．」[*12]

　東京電力が福島第一原発で事故を起こしてからしばらくの間は，ほとんど報道されませんでしたが，日本では一般公衆の被曝限度は法令で年間1ミリシーベルトまでと決められています[*13]．さらに，3カ月で1.3ミリシーベルトの被曝のおそれがある場所は放射線管理区域とされます．放射線管理区域には，限られた人のみが専用の作業着を着用した上で立ち入り可能で，その中では飲食も禁止されています[*14]．

---

*12　中川恵一「Dr. 中川のがんの時代を暮らす：2」毎日新聞 2011 年 7 月 3 日
*13　放射線障害等防止法の下位規定，および原子炉等規制法の下位規定．
*14　電離放射線障害防止規則(http://law.e-gov.go.jp/htmldata/S47/S47F04101000041.

このことを考えるならば，低線量被曝に関する社会的な争点は，本来，年間数ミリシーベルトの被曝が「科学」的に安全かどうかという点ではなく，何かが起きたときに都合よく法令を含む社会的な規範を変えてもよいと考えることが適切かどうか，どのような場合にそれが許容されるか，仮に変更せざるをえないとしてどのような手続きでそれを行い，どのように説明するか，原状復帰への見通しをどうつけるか，といったものであるはずです．

原則として，事故が起きたあとに突如として「科学的」知見を持ち出し（「科学的知見」を振りかざして100ミリシーベルト以下は問題がないかのように主張することのおかしさは既に述べましたが），法的な基準を超えても問題がないかのような発言をなすことは，とりわけ，それが市民にリスクを負わせることを帰結する場合は，著しく適切性を欠くことになります[*15]．

ところで，残念ながら，被曝限度は，放射線の管理基準として定められたもので，環境基本法から放射能汚染が明示的に除外されていることからも窺われるように，あくまで法令の文言だけに沿うならば，穴があります．次のように，原子力関係者がそれを利用して

---

html)．

[*15] 第1章（4ページ）で紹介した山下俊一氏の発言は，この点から考えると示唆的です．山下氏は，年間1ミリシーベルトという一般公衆の被曝限度を「平常時」の約束事であるとしています．あたかも，事故が起きたのだからその限度を変更してもよいと考えているかのようです．法令に反した状態が発生したという現実があるので法令をないがしろにしてよいというのであれば，そもそも法令はいらなくなってしまいます．

なお，動力炉・核燃料開発事業団の「アスファルト固化処理施設事故関係作業状況報告」（1997年4月10日：http://www.jaea.go.jp/jnc/pnc-news/npuresa/P9704/PE97041003.01.html）によると，1997年3月11日に同事業団が起こしたアスファルト固化処理施設事故（国際原子力事象評価尺度でレベル3）の際には，汚染度の高い施設周辺が一時管理区域に設定され，放射線のモニタリングがなされています．

行政の不作為を根拠づけるような例も見受けられます.

「本郷谷(松戸)市長:年間1ミリシーベルトという値が独り歩きしており,これが安全基準になっている.この値をどのように説明すればいいか.
中村(尚司)教授:原発の施設設計・管理の基準であり,安全か危険かの基準ではない.」[*16]

また,事故に由来する放射性物質の取り扱いに許可を要するか否かの判断をめぐる文脈ですが,文部科学省は

「事故由来放射性物質は,核燃料物質又は核燃料物質によって汚染された物が飛散したものです.これらについては,放射性同位元素等による放射線障害の防止に関する法律の規制対象物ではありません」[*17]

と述べています.これもまた,どうやら関連従来法を厳密に読む限り,問題ないと解釈することもできるようですが,事故による汚染への責任逃れに使われかねない側面を有しています.

けれども,早稲田大学大学院法務研究科の日置雅晴氏が,従来の関連法規の欠陥を考慮した上で,次のように述べていることに注意しましょう.

---

*16 http://www.city.kashiwa.lg.jp/soshiki/080500/p009027.html,第1回東葛地区放射線量対策協議会会議事録(平成23年7月8日開催分)より.
*17 法令適用事前確認手続の照会・回答一覧,放射性同位元素等による放射線障害の防止に関する法律(昭和三十二年法律第百六十七号)第3条第1項,2012年8月24日(http://www.mext.go.jp/b_menu/toukei/005/1325979.htm).実際,関連労働者の安全確保上,このような指針は問題です.

「今回のような大量の放射性物質が放出されてしまった場合に関しては、これまでの原子力行政の想定外であるから、行政にとっても、東京電力にとっても、一般市民の被曝対策として何をなすべきかも定められていないし、ましてその基準となる放射能の強度についても定められていなかったのである。（中略）

しかし、少なくとも、事故前に長い時間をかけて、公衆の年間の被曝限度を１mSv以下とすることで、日本国内の一定の合意を形成して原子力事業を行ってきたのであるから、その限界を事故が起こったからといって、十分な議論なしに変えることは許されないというべきである。」[*18]

法に不備がある場合に、法の趣旨に反して法の不備を利用することは適切な行為とはみなされません。その観点から言えば、「放射性同位元素等による放射線障害の防止に関する法律」と題する法律で定められているのが管理基準であることをもって中村尚司氏のように言うのは不適切ですし、文部科学省の判断を汚染への無策を正当化するために用いるならば、それもまた、不適切であることになります[*19]。

---

[*18] 日置雅晴『拡大する放射能汚染と法規制——穴だらけの制度の現状』早稲田大学ブックレット、2011, pp. 48-49. 現実を前に規制を変える態度について批判的な視点なしに受け入れる傾向は、報道にもみられます。例えば、2011年12月20日、NHKは、次のように報じました。「厚生労働省は、原発事故から一定の期間が経過し、食品から検出される放射性物質の量が少なくなっていることなどから、これまでの暫定基準値から新たな基準値を設定するための検討を進めていました。」「放射性物質の量が少なくなっている」から暫定規制値を見直す、というのは、未成年の飲酒が多いときには飲酒可能年齢を引き下げ、未成年の飲酒が減ったら未成年の飲酒を禁止する、というやり方に近いものです。

[*19] いわゆる「脱法ドラッグ」（麻薬と同様の効果をもちながら、人体摂取目的以外での販売を規制する法令がないもの）をめぐる厚生労働省の対応と、原発事故後の放射性物質をめぐる行政の対応の鋭い対照は示唆的です。厚生労働省は「脱

法の位置づけをめぐる議論とは別に，本章でこれまで見てきた専門家の法律に対する姿勢が放射線障害の可能性を矮小化し，無策を正当化するという方向で一貫していることは注目に値します．法令，法の理念，社会的な規範そのものを見て判断するのではなく，自らの主張に従ってこれらを(趣旨に反して利用する・無視するなど恣意的に)位置づけているかのようです．

## 3.3　ボクこの話をする，だってしたいんだもの，ボクは専門家だからみんな聞くんだよ

　前節で，社会的な事象に関する意思決定のメカニズムや合理性と，狭義の「科学」あるいは専門家が「科学」と思い込んでいることとのギャップについて検討しました．このギャップは，どんなことを話しているのか，すなわち話の内容や用いられる概念に現れることもありますが，何について話しているのか，すなわち，そもそもの話題を選択するレベルで現れることもあります．これは，メディア研究の分野で「アジェンダ・セッティング」，「話題設定機能」などと呼ばれるものです．

　すでに確認しましたが，放射性物質汚染や被曝，原発の是非などが大きな話題となり，専門家が発言を始めたのは，何よりも，東京電力福島第一原発事故が起きたためです．これまで見てきた発言の多くも，事故を受けてなされたものでした．そこで，東京電力福島

---

　　法ドラッグ」を「違法ドラッグ」と呼び，注意を呼びかけ取り締まりをはかるとともに，2013年2月20日には成分構造が類似した複数のドラッグを規制する「包括指定」を導入し，大麻に似た作用をもつ772種を規制対象としました．また，「自民・公明両党が麻薬取締官も捜査できるよう権限を強化することを盛り込んだ薬事法などの改正案を今の国会に提出する方針」(NHK News WEB 2013年2月21日)とのことです．

第一原発事故のあとで、社会で議論されるべき話題は何か、「科学的」議論はそれを適切に捉えているか、という観点から、発言を検討してみることにしましょう.

そのためにはまず、事故の基本的な性格を確認しておく必要があります.

そもそも、東京電力福島第一原発の事故は、東京電力という一私企業が、政府および関連する規制当局の無作為とあいまって引き起こした、大規模な汚染事故です[*20]. 規模の問題や、放射性物質の性質、低線量被曝影響の遅発性といった突出した性格はあるものの、本質的には一私企業が起こした環境汚染事故なのです.

例えば、肥料を生産する工場が事故を起こし、周辺にさまざまな物質が拡散したとしましょう. この場合、大まかに言って

(a) 避難や防護を含む、汚染に対する対処の問題
(b) 賠償・補償の問題

が議論の対象となります. 健康影響の問題は、(a)に従属するものです.

いずれの問題を扱うにせよ、法令を含め、社会で共有された原則と基準が基本的な参照枠とされるのは当然です. 放射性物質による汚染と被曝に関しては、法令で定められた一般公衆の被曝上限である年間1ミリシーベルトが準拠点となることは上で見た通りですし、保障・賠償については汚染者負担の原則が[*21]、健康被害のリスク

---

[*20] 例えば東京電力福島原子力発電所事故調査委員会(国会事故調)報告書(2012年7月5日)を参照.

[*21] 汚染者負担の原則は、環境汚染に関する国際的に共有された基本原則であるとともに、2000年12月に閣議決定された第二次計画「環境基本計画——環境の世紀への道しるべ」(http://www.env.go.jp/policy/kihon_keikaku/plan/keikaku.

に対しては予防原則と暴露の低減が[*22]，日本社会の基本原則となっています．

　事故後に突出してなされた[*23]専門家の発言の典型的な例を改めて見てみましょう．

「100ミリシーベルト以上の被ばく量になると，発がんのリスクが上がり始めます．といっても，100ミリシーベルトを被ばくしても，がんの危険性は0.5％高くなるだけです．そもそも，日本は世界一のがん大国です．2人に1人が，がんになります．つまり，もともとある50％の危険性が，100ミリシーベルトの被ばくによって，50.5％になるということです．たばこを吸う方が，よほど危険といえます．」[*24]

---

　　pdf)で，環境効率性，予防的な方策および環境リスクとともに環境政策の指針となる考え方の柱とされています．これらの原則は，2006年4月に閣議決定された第三次計画「環境基本計画──環境から拓く新たなゆたかさへの道」(http://www.env.go.jp/policy/kihon_keikaku/kakugi_honbun20060407.pdf)でも確認されています．

[*22] 第2章脚注11でも述べたように，予防的措置の原則は，上記環境基本計画のほか，特に子どもに対してはG8環境大臣が出した「子供の環境保健に関する8カ国の環境リーダーの宣言書」(マイアミ宣言)でも，「我々は，暴露の予防こそが子供を環境の脅威から守る唯一かつ最も効率的な手段であることを断言する」と，明確に謳われています(ただし──副次的なことですが──この宣言で具体的な曝露対象の例として放射性物質は挙げられていません)．http://www.env.go.jp/earth/g8_2000/outline/1997.html

[*23] 「低線量被曝」「汚染」をキーワードとしてweb検索，ニュース検索，twitter検索をかけると，どのような議論が突出してなされたかの大まかな感触はつかむことができます．厳密な実証的調査は，メディア論の専門家を含む社会科学者に任せることにしましょう．

[*24] 東京大学医学部附属病院准教授中川恵一氏による，「Dr.中川のがんから死生をみつめる：99 福島原発事故の放射線被害，現状は皆無」毎日新聞2011年3月20日

「柏市の公園などでの線量は，高いところでも1時間当たり0.5マイクロシーベルトくらいです．この環境に24時間ずっといた場合，内部被ばくも含めた年間の被ばく量は5〜6ミリシーベルト程度になります．屋内の線量は屋外よりずっと低くなるため，実際の被ばく量は，この値よりかなり低くなります．小さなお子さんでも普通に遊ばせてよいと思います．」[*25]

発言の内容とは別に，話題設定の観点から見ると，事故後にこうした発言が跋扈することで，低線量被曝の危険性や，汚染された環境で遊ばせることの是非が独立して中心的な話題となってしまい，それによって避難や防護などの対処や賠償・補償をめぐる問題が，脇に追いやられることになります．

喩えて言うと，こうした状況は，教員が未成年の生徒に酒を飲ませたときに，未成年の飲酒は健康に良いのか悪いのかという議論ばかりがなされる状況に似ています．未成年の飲酒は法律で禁止されており，教員が未成年の生徒に酒を飲ませた状況に関して，飲酒の健康影響が突出して議論されることは，先生の責任や飲酒させられてしまった生徒へのフォロー，そして再発防止といった，本来論ぜられるべき問題を隠蔽し，なされるべき対策をないがしろにする効果をもってしまいます[*26]．

もちろん健康被害のリスクについて専門家が意見を表明することは，必要でしょう．けれども，それは，中川氏の発言のように，しばしば事実とは乖離した一般論ではなく，状況の具体的な計測にも

---

[*25] 中川恵一「Dr.中川のがんの時代を暮らす：2」毎日新聞 2011年7月3日
[*26] 話題設定の観点からは，健康に影響はないと主張することと健康に悪影響を及ぼすと主張することとは，同じ効果をもちます．とはいえ，両者は対称的ではありません．「健康に影響はない」という主張は，上で確認した日本社会の基本原則から逸脱する方向に議論の内容を向けることになるからです．

とづき，また無作為の理由づけとしてではなく，具体的な対策を進めるためになされることが本来期待されているものです．

この問題は，科学的議論がいずれにせよなされることと，それが一定の状況下でなされることにより見落とされてしまう話題があることとの，関係に関する問題です．社会における議論の配置に関わる問題ですから，科学的議論の影響を，ひとえに発言者である科学者／専門家の問題に帰することは適切ではありません．むしろ，人文社会系の学者や専門家の認識と役割も問われることになります．

そこで，少しだけそちらに目を向けて見ることにしましょう．

東京大学大学院人文社会系研究科教授の一ノ瀬正樹氏は，「因果関係とは何か──低線量被曝の因果的影響をめぐって」という文章の冒頭に置かれた「低線量被曝という問題」と題する小節で，次のような問題提起を行っています．

「(A)「低線量放射線を長期に被曝したら，がん死する」．
3.11後の原発事故がらみで最大の問題点，最大の不安要素となって，私たちに暗雲のように垂れ込めているのは，この(A)の命題にほかならない．」[*27]

この発言が，何一つ根拠を挙げずに「3.11後の原発事故がらみで最大の問題点は」「この(A)の命題」すなわち「低線量放射線を長期に被曝したら，がん死する」という「命題にほかならない」と断言することで，恣意的に話題を設定していることに注目しましょう．

むろんここで，一ノ瀬氏個人がこの問題を気にしているかもしれないこと，またこの問題を最も大きな問題として感じている人が少

---

[*27] 一ノ瀬正樹・他『低線量被曝のモラル』河出書房新社，2012，pp. 219-220

なからずいるかもしれないことを否定したいわけではありません．

　問題は，「3.11 後の原発事故がらみで最大の問題点」は「低線量放射線を長期に被曝したら，がん死する」という「命題にほかならない」と断言し*28，何の論拠もなくそれを「私たち」の最重要問題として一般化することがもつ効果にあります．これにより，責任の問題も社会的な対処の問題も隠蔽されてしまうおそれがあるのです．

　一ノ瀬氏はまた，2011 年 7 月 8 日に開催され，この論考のもととなった「緊急討論会『震災，原発，そして倫理』」というシンポジウムで，上記の「命題」に関連して，次のような問いかけをしています．

「(放射線について)しかし，まだ physical な被害がほとんど顕在化していないにもかかわらず，なぜ人々はここに不安を抱くのだろうか．」

　不安は本来，むしろ被害が顕在化していないときに抱くものなのではないか，という当然の疑問は置いておくこととして，そもそも「3.11 後の原発事故」が，東京電力という一私企業が，政府の無策も相まって引き起こした大規模な汚染被害だったこと，論理的な順序関係として，東京電力が事故を起こさなければ，「3.11 後の原発事故がらみ」で放射線への不安など起きなかったことを改めて確認しておきましょう．

　それを考えるならば，一ノ瀬氏のこの発言は，通学路に交通量の

---

　*28　「あなたは何で疎開移住を決意しましたか 疎開移住のふんぎりって何でしたか まとめ．編集中．」(http://togetter.com/li/376202)からは，移住の原因として放射能リスクそのものと同じくらいに行政への不満などが多いことが窺われます．

多い道路ができて,しかも制限速度を超える車が多いときに,保護者が通学する児童の安全を不安に思っている状況で,

「しかし,まだ physical な事故が起きていないのにもかかわらず,なぜ人々はここに不安を抱くのだろうか」

と問いかける状況に,いささか似ています.

このような発言は,不安や不満をもつのが当然であるような,危険性のある,あるいは不当な状況が現実に存在してしまっていることという,本来扱われるべき問題を隠蔽し(一般に哲学がものごとや事態の本質を問う学問であるとされていることを考えると興味深いことです),不安の原因ではなく不安そのものを問題視します.

「3.11 後の原発事故がらみで最大の問題点」を論じることを標榜しながら 3.11 後の具体的な状況に言及もせず,それに関する文献もほとんど挙げずに因果関係の一般論に終始する一ノ瀬氏の「論考」から窺われるのは,結局のところ,一ノ瀬氏が——その意図が何であったにせよ——自らの因果関係論を披露するために事故に便乗しているということに過ぎないのではないか,という点です.

事故への便乗という点では,事故後に福島県で進められている健康調査について「200 万人の福島県民全員です.科学界に記録を打ち立てる大規模な研究になります」[*29] と語った山下俊一氏と同様と考えることができます.ただし,健康検査と対策は,哲学研究者の論考と違って,適切に行われる限り絶対に必要であるという点は異なります.

---

*29 『シュピーゲル』誌 2011 年 8 月 19 日, http://www.spiegel.de/international/world/studying-the-fukushima-aftermath-people-are-suffering-from-radiophobia-a-780810.html, http://ex-skf-jp.blogspot.jp/2011/08/blog-post_9917.html

「一ノ瀬氏は哲学研究者であって社会学や政治学の研究者でないのだから,ここでの検討にあたって考慮した社会的な要因を考えることができないのは仕方ない,あるいは哲学研究者にそれを求めるのは不当だ」,という反論もありうるかもしれません.

けれども,哲学研究者が社会的な要因を考えないことが一般論として免責されるとしても,「3.11 後の原発事故がらみで最大の問題点」のように社会的状況との関係で問題を提出してしまった場合はやはりその限りではないでしょう.

ちなみに,「命題」が「暗雲のように垂れ込めている」という,哲学研究者ならではの問いかけを提出した一ノ瀬氏は,自らの問いかけに対し,低線量被曝の疫学的曖昧性が具体的な調査の限界そして統計的有意性を確認できる大きさのデータが存在しないことにあるという点を完全に無視し[*30],また,生体レベルでの研究も完全に無視して,次のようにさらに深淵な答えを提出します.

「低線量被曝とがん死についての命題(A)にもまた,つねに『シンプソンのパラドックス』の暗闇が待ち受けていると認識しなくてはならない」[*31]

ちなみに,技術的に言うと「シンプソンのパラドックス」は,低線量被曝の影響が疫学的に明らかでないことと事実として特に関係がないばかりでなく,統計的分析や思考・認識の論理的な限界を示すものでもありません[*32].このことをふまえると,「暗闇」は,シ

---

\*30 ICRP Publication 99, Low-Dose Extrapolation of Radiation Related Cancer Risk, 2005

\*31 前掲一ノ瀬(2012),p. 243. なお,一ノ瀬氏はほかに「哲学」的な因果関係論も披露しています.

\*32 DeGroot, M., Probability and Statistics, 2nd ed. Reading, Mass.: John Wiley,

ンプソンのパラドックスの側にではなく，むしろシンプソンのパラドックスを「暗闇」と表現する知性の側に存在すると考えたほうがよいのかもしれません．

　事故に便乗しつつなされた発言が，発言という行為により事故で扱われるべき問題にバイアスをかけ，一部の問題を隠蔽するという形式になっていることは，一ノ瀬氏の場合，論考の内容的な稚拙さを考慮するならばなおさら，これまで批判的に検討してきた科学技術系の専門家の発言と比べても一層悪質と言うべきなのかもしれません．

　幸いにして，一ノ瀬氏の論考は，本書で取り上げてきた他の発言と比べてほとんど人目につかないため，実際には社会的に影響力をもたないだろうと思われる点がわずかな救いとなっています．

---

1989

# インターミッション：信頼とその条件

ここまで本書では，信頼と不信について，体系的に整理することなしに議論を進めてきました．ここで，これらの概念について少し整理しておきます．

信頼について議論するためには，日本語で「信頼」と呼ばれている概念を少し細かく分ける必要があります．便利なので英語の言葉を借用し，次のような区別を導入しましょう．

クレディビリティ(credibility)：情報や人，組織などの適切性や真実性などの度合い．

リライアビリティ(reliability)：情報や人，組織などの状況における有効性が(持続的に)見込める度合い．

トラスト(trust)：情報や人，組織などに対して，利用者や他の人が，それなりに共有される何らかの基準にもとづいて抱く信頼．

フェイス(faith)：情報や人，組織などに対して，利用者や他の人が抱く信奉[*1]．

---

[*1] 信頼をめぐる議論は情報学から行動科学，心理学，社会学まで様々な分野でなされています．いくつか関連文献を挙げておきます．ここで導入した区別は主に情報学の分野で用いられているものです．

Kelton, K. et al.(2008)"Trust in digital information," JASIST, vol. 59(3), pp.

クレディビリティとリライアビリティは情報や情報発信者である人や組織，事態に対処する当事者の側の属性，トラストとフェイスは受け取る側の属性です．クレディビリティとリライアビリティ，トラストには，関係する当事者の間で共有される現実的・外的な基準や根拠が求められますが，フェイスはそのような基準や根拠を必要としません．なお，科学と信頼の問題を扱う場合，クレディビリティとリライアビリティを区別しなくてもさほど不都合はありませんので，本書ではクレディビリティで代表させることにします．

このように整理すると，科学が信頼を失ったと言う場合には，科学がクレディビリティを失ったことと，人々が科学に対してトラストを失ったことという，二つの側面を含むことがわかります．

クレディビリティとトラストが成り立つために，情報発信者や情報——本書の文脈では科学者や専門家とその発言——に求められる主な要件としては，次のようなものがあります．

A. 形式に関する要件

(1) 一貫性．共時的には，発言やふるまいが，状況や相手によって，恣意的に異ならないこと．通時的には，発言やふるまいが，時期によって，変更する根拠も理由もなく恣意的に異ならないこと．

(2) 包括性・体系性．情報に恣意的な欠落がないこと．また，「これもある，あれもある」と，全体が見えにくいかたちで情報を小出しにしないこと．

---

363-374

Rieh, S. Y. and Danielson, D. R. (2007) "Credibility: A multidisciplinary framework," ARIST, vol. 41, pp. 307-364

、佐藤義清 (2006)「情報コンテンツの信頼性とその評価技術」http://kc.nict.go.jp/project1/infocred.pdf

山岸俊男『信頼の構造』東京大学出版会，1998

(3)説明・挙証責任．自分の主張に対してその根拠を示すこと．

B. 内容や位置づけに関する要件

(4)話題の妥当性．情報／言われているテーマが，それが置かれる文脈との関係で妥当であること．「文脈」には，情報発信者自身の社会的な位置づけも含まれる．

(5)事実性．情報／言われていることが，それが指している現実の状況と合致していること．「真実」や「正しさ」といった言葉で想定されているのは多くの場合この点である．

(6)内容の妥当性．情報／言われていることの内容が，それが置かれる文脈との関係で適切であること．「文脈」には，情報発信者自身の社会的な位置づけも含まれる．

便宜的に，形式と内容に区別しましたが，この区別はそれほど明確ではありません．見方によって，例えば「一貫性」を内容の問題と見なすこともできるでしょう．

信頼を担保する構造については，ここで整理した個別の発言や情報発信の形式や内容をめぐる要件とは別の問題としてありますが，それについて理論的に整理することは本書の範囲を超えますので，扱いません．

## コミュニケーションと状況の変更

当たり前のことですが，科学者や専門家，その発言の信頼が問われる場合，コミュニケーションが関係しますから，ここで整理しておきます．

コミュニケーションについて標準的な見方の一つは，コミュニケ

ーションをメッセージや情報のやりとりとするものです．工学における通信の理論も含め[*2]，一つの標準的な考え方となっていて，便利な点も多々あります．

けれども，このような見方は，日常行われている対話も含め，人間のコミュニケーションを捉えるためには必ずしも十分ではありません．例えば，ある家(の最近は誰も使わない固定電話)に電話をかける状況を考えてみましょう．

「太郎さんはいますか」
「はい，いますよ．暑いですね」
「太郎さんはいますか」
「はい，いますよ．最近，夜も暑くてよく眠れなくて」
「太郎さんはいますか」
「だからいるって．仕事の調子はどお？」

という情報の交換だけでは，コミュニケーションが成立したとは言えません(普通は電話をかけた人は，少なくとも3回めのやりとりで「太郎さんにかわってください」と言うでしょうが，それは少し別の話と考えて下さい)．ここでは「太郎さん」が電話にでてはじめて，電話をかけた人と最初に電話に出た人のコミュニケーションが成立したと言うことができます．

また，何かの問題があって状況がこじれたとき，問題を起こした側が和解をもちかける場面を想定してみましょう．例えば，他人の家で何かを床にぶちまけて無茶苦茶にしてしまったとします．ぶちまけてしまった人が相手に弁明しようとしたとき，相手が「まず片

---

[*2] 甘利俊一『情報理論』ちくま学芸文庫，2011

付けろよ，すべての話はそれからだ」と言う状況は，容易に想像できます．

これらの例は，コミュニケーションが単なる情報のやりとりにとどまるものではなく，具体的な状況の変更に関係していることを示しています．

別の例を考えてみましょう．

AさんとBさんが結婚することになり，AさんがBさんの親に挨拶に行ったとします．その時，Bさんの母親が，Aさんに，「うちの息子と結婚したあとも仕事を続けて構いませんよ」と言ったとしましょう．この，将来の姑は，理解のあるよい姑だと言えるでしょうか？

もちろん，理解のある人だという見方もあるかもしれません．けれども，本来，結婚とは「両性の合意のみ」にもとづいてなされるもので，結婚が導く生活設計も両性の合意のみにもとづくことが基本となることを考えるならば，将来の姑が，「うちの息子と結婚したあとも仕事を続けて構いません」と言うのは，そもそも，越権的な行為です．

この点から考えるならば，このように言うという行為自体が——そのまま問題化されずに見過ごされるならば——将来の姑の越権的な干渉宣言に相当することになるおそれがあります．つまり，何かについて話すということ自体が，その内容にかかわらず，話す人や話しかけられた人の権利や役割，責任などを決める効果をもつことがあるのです．

# 第4章 どのようにして信頼を支える基盤が崩壊したのか

2011年3月13日,東京新聞朝刊は,1面・28面(表紙・裏表紙)ぶち抜きで,

「福島原発で爆発 初の炉心溶融」

という見出しを掲げ,

「原発爆発 信頼,一気に失う 厳しい検証必要」

というリードのもとに

「重大事故は……原発への信頼を一瞬で吹き飛ばした」

と書いています.

ところで,それからちょうど1年後の2012年3月13日,原子力安全委員会が,関西電力大飯原発安全評価の一次評価について,経済産業省原子力安全・保安院が妥当とした審査書の内容を大筋で了承したことが報じられました[*1].

2.5節で見たように,2011年3月に「吹き飛ば」された「原発へ

の信頼」には，東京電力，保安院，安全委員会の信頼性(インターミッションで導入した言葉を使えばクレディビリティ)も含まれていたはずです．本来，保安院や安全委員会自体の妥当性や信頼性が検討され評価されるべきであって，保安院や安全委員会がストレステストの妥当性を評価するというのはとても倒錯した話です．

より一般的に，震災と原発事故後，そもそも語られた内容や話題とは別に，社会の中で，誰が誰に対して語りかけたのでしょうか．そしてそれは，どのような効果をもったのでしょうか．本章では，その観点から，専門家の発言がもたらした影響を考えてみることにします．これまで検討してきたいくつかの発言も，改めて取り上げます．

## 4.1 失敗したのは私たちだが，問題は皆さんにある

事故の直後から，私たちは，次のようなメッセージを繰り返し聞かされてきました．

「関東，東北の方へ――雨が降っても，健康に影響はありません．ご安心ください．場合によっては，雨水の中から，自然界にもともと存在する放射線量よりは高い数値が検出される可能性はありますが，健康には何ら影響の無いレベルの，極めて微量なものであり，「心配ない範囲内である」という点では普段と同じです．」[*2]

これは，2011 年 3 月 21 日，首相官邸ホームページに出されたメ

---

*1 「大飯再稼働政治判断へ 1 次評価 安全委が大筋了承」東京新聞 2012 年 3 月 13 日

*2 http://www.kantei.go.jp/saigai/20110321ame.html

ッセージですが,この前後,福島県浪江町では3月15日に1時間あたり300マイクロシーベルトの放射線が観測されていますし,千葉県柏市がホットスポットになったのは20日から21日の雨によることも明らかになってきています.まさにこのとき,関東・東北の広い範囲で,場合によっては短時間で日本の法的基準を超えてしまうおそれがあるレベルの,安全とは決して言うことができない状況が生じていたのです.

振り返って評価すると,このメッセージは,原発事故を起こしてクレディビリティを失っていた政府が出した,事実に反するメッセージだったのですから,政府の信頼喪失に一層拍車をかけるようなものだったと言うことができます.

けれども,そうした分析とは別に,実際に,この例に見られるように,(a)安全確保を怠り事故を起こした責任の一翼を担う政府(あるいは関係者)が,(b)自らの責任については言及さえせず,(c)事実を隠し「安心して下さい」と被害者に語りかけるメッセージが発せられることは,とりわけそれが繰り返される場合,一定の効果をもつことになります.

すなわち,このようなメッセージが社会に流布することで,政府や関連する専門家の信頼(クレディビリティ)喪失という問題は隠蔽され,問題なのは市民が信頼(トラスト)しないことであるかのように事態が描き出されるのです(だからこそ,市民に向けて「安心してください」というメッセージが出されるのです).

こうした発言の中では,政府や専門家の信頼(クレディビリティ)が原発事故そのものによって,そして前章までで見てきたような,誤ったり不適切であったりした発言を通して,失われるべくして失われたこと,また政府や専門家に対する市民の信頼(トラスト)が崩壊したのは政府や専門家のクレディビリティが失われるべくして失わ

れたことの帰結に過ぎないことは，まったく無視されています．こうした発言は，その代わりに，市民に無根拠の信奉（フェイス）を求めていることになります．

　3.1節で見た，日本産婦人科医会寺尾俊彦会長名の声明を思い出してみましょう．この声名は，「被曝の影響は事故が起こった場所からの距離による」，「レベル5と判断された，福島原発事故」などの無根拠かつ誤った憶測を重ね，「国からの情報は，多くの機関から監視されており，正確な情報が伝えられていると評価されますので」と，やはり誤った見解を述べた上で，

　「誤った情報や風評等に惑わされることなく，冷静に対応されますようお願い申し上げます」

と，おそらくは一般の市民に向けて呼びかけていたのでした．
　この声明は，内容においてもそうですが，市民が呼びかけの対象とされていると理解されるかたちで声明が出されたという事実によって，(a)国は事故を避けられなかったにもかかわらず信頼できる，(b)市民は冷静でないので助言が必要である，という見解を広めてしまうもので，結局，国や関係者がクレディビリティを喪失したという現実を隠蔽し，問題を市民の信頼（トラスト／フェイス）の側にすり替える効果をもってしまうことになります．
　もちろん，これらは原発の爆発が相次いだ直後に出されたメッセージで，緊急時なので仕方なかったと考えることもできます．では，やはり2.4節で見た，2011年5月の次の記事はどうでしょうか．

　「今回の原発事故は，私たちが「リスクに満ちた限りある時間」を生きていることに気づかせてくれたとも言える．たとえば，がん

になって人生が深まったと語る人が多いように，リスクを見つめ，今を大切に生きることが，人生を豊かにするのだと思う．日本人が，この試練をプラスに変えていけることを切に望む．」[*3]

　本来，「変えてい」くことを要するのは，クレディビリティを失った(もともと本当にあったとしてですが)東京電力，保安院，安全委員会，関連省庁，政府のはずです．それにはまったく言及しないまま(この点を確認したい方は，図書館などで記事全文をご覧下さい)市民に向けて呼びかけるこのような発言は，変更を要するのは市民の態度であるというかたちでの(不当な)状況解釈を暗黙のうちに強化する働きをもつことになります．

　ここから，第1章で取り上げた Monreal 氏のスライド紹介が，紹介者たちの真摯な責任感とは別に否定的な効果をもったのはどうしてか，そして責任感の発動方向がどう誤っていたかも，改めてはっきり理解することができるようになります．紹介者たちのメッセージの一部を再掲しましょう．

「メッセージ……
　今回の震災に起因した福島原発の事故について国民の不安が高まっています．チェルノブイリのようになってしまうと思っている人も多いです．放射線を学び，利用し，国民の税金で物理を研究させてもらっている我々が，持っている知識を周りの人々に伝えるべき時です．
　……皆さん，……自分の周り(家族，近所，学校など)で国民の不安を少しでも取り除くための「街角紙芝居」に出て頂けませんでしょ

---

*3　中川恵一「崩壊した「ゼロリスク社会」神話」毎日新聞 2011 年 5 月 25 日

うか.」

　ここに書かれているように,「国民の税金で物理を研究させてもらっている我々」の責任感から促された行動は,「持っている知識を」使って原発事故の収束を促したり事故に対して第一義的に責任を負う者たちに応分の責任ある対応を求めたりする方向にではなく,「国民の不安を少しでも取り除く」ことに向けられているのです.

　けれども, 素粒子原子核分野の専門家に社会が求めることは, 本来, 何よりもまず放射性物質の安全をきちんと確保すること(したがって事故をそもそも起こさないこと, 起きてしまった場合に収束させるための叡知を絞ること)ではないでしょうか[*4]. また, 市民に向けて何か伝えることがあるとするならば, 事故は未知の事態を引き起こしたのだから, 核反応や原子炉について一般論として「持っている知識」ではなく, 具体的な状況を調査して伝えることこそ, 市民が望むことではないでしょうか[*5].

　真摯に事故に対する責任を考えた結果としての発言も, 事故に便乗したに過ぎないと思われる発言も, 等しくこのような配置でなされたために, 問題が第一義的には東京電力, 保安院, 安全委員会,

---

　　*4　この点をある場で筆者が指摘したとき, ある社会科学系の大学院生に, 素粒子原子核分野の研究者のほとんどは, 直接原子力発電所を扱っているわけではないのだから, 事故をそもそも起こさせないための行動や事故を収束させるための貢献は困難ではないかと言われたことがあります. そうかもしれませんが, 同じ考えを適用すれば, 素粒子原子核分野の研究者のほとんどは, 国民の不安を取り除くことを扱っているわけではありませんから, 国民の不安を取り除くための貢献も困難なのではないかと言うことができます.

　　*5　これを行った人として, 元独立行政法人放射線医学総合研究所・現獨協医科大学の木村真三氏や京都大学原子炉実験所の今中哲二氏などの名を挙げることができます. また, 東京大学大学院工学系研究科の森口祐一氏や同総合文化研究科の小豆川勝見氏も具体的な測定と状況調査を行い, それにもとづいた誠実な発言を行っています.

政府，専門家にあることを隠蔽し，市民の信頼喪失が問題であるかのように状況を描き出す効果をもってしまったのです[*6]．

このような語りの配置によって，原発事故をめぐる問題と責任は，いわば「個人化」されてしまうことになりました．

あえて多少誇張した喩えを使うならば，このような呼びかけは，パワハラが起きたときに，パワハラを行ったり放置した責任を負い，信頼（クレディビリティ）を失った当事者，あるいはパワハラ問題の「専門家」を自称する人が，パワハラの責任と構造を話題に出すことも状況の改善について論ずることもなく，被害者に「大丈夫」「安心です」「信頼してください」と語りかける状況に似ています．

## 4.2 心配ないと言っているのに心配する皆さんがおかしい，理由を私が説明してあげよう

事故を起こした側の責任を隠蔽しつつ問題を「個人化」し，市民の側に責任を押しつける効果をもつかたちで専門家が発言することを見てきました．それと並行して，事故に対して当事者への不信や不満，責任明確化の要求といった当たり前の反応を示す市民を，特別に説明や措置を要する何か例外的な存在であるかのような立場に追いやる（これを「有標化」[*7]と言います）効果をもつ発言も見られま

---

[*6] 尾内隆之・調麻佐志「住民ではなくリスクを管理せよ——『低線量被ばくのリスク管理に関するワーキンググループ報告書』にひそむ詐術」『科学』，vol. 82 (3), pp. 314-321 の優れた分析は，低線量被ばくのリスク管理に関するワーキンググループ報告書がまさに問題の所在を住民に転嫁していることを明らかにしています．ここでの議論と重なるものです．

[*7] 有標性は，もともと言語学の音韻論で導入された概念です．本書の文脈では，相対的な二つ（あるいは複数）のカテゴリーのうち一方にのみ標識が付けられることで，そのカテゴリーに付与される位置づけや価値づけのことを言います．例えば，「女性弁護士」「女医」という言葉は今でも耳にすることがありますが，「男

した.

3.3節で見た,東京大学人文社会系研究科教授の一ノ瀬正樹氏による次のような問いかけは,その典型例です.

「(放射線について)しかし,まだphysicalな被害がほとんど顕在化していないにもかかわらず,なぜ人々はここに不安を抱くのだろうか.」

繰り返しになりますが,確認しましょう.

東京電力が起こした事故により,広い範囲の人々が,法令で定められた一般公衆の被曝限度を超える被曝のおそれに直面している状況で,人々が不安を抱くのは当たり前のことです.それにもかかわらず,このような問いかけを出すことで,不安の原因ではなく不安そのものが問題視され,さらには不安を抱く人々こそが問題視されることになってしまいます.

さらに,3.1節の末尾で確認したように,こうした語りの配置の中で,当たり前に心配する人を有標化した上で,「放射線パニック」などと,事実に反したラベルを付けるような発言もなされます.

有標化はまた,(必要に応じて事実に反する情報も使いながら)市民に対して安全と安心を呼びかける発言によって無標状態の基準そのものがずらされることにより,容易になされるようになるとともに強化されます.

例えば,次の記事を見てみましょう.

---

性弁護士」「男医」とは言いません.このような言葉遣いは,ジェンダーの視点から見た場合,弁護士や医者は,男性が標準(無標)で,女性は有標化された存在であることを示唆しています.有標化された側は,しばしば不当に挙証責任や説明責任を負わされることになります(「女性なのに弁護士という仕事を選んだのはどうしてですか」など).

「現在,原発からの放射性物質の放出はほぼなくなっており,福島県の大半の地域でも大気中の放射性物質は検出されていません.……大気中に放射線を出す放射性物質が漂っているわけではありません.……空気中に放射性物質がないわけですから,布団や洗濯物に放射性物質が付着することはなく,外に干しても大丈夫です.マスクや長袖も必要ありません.」[*8]

2011年7月には,毎時10億ベクレルのセシウム134とセシウム137が放出されていました[*9].3月の事故直後に比べると大幅に減っていますが,事故前であれば大問題になっていた量です.また,非常に高いレベルの汚染物質は局所的に見つかっており,再飛散の問題も大きな懸案となっています.そもそも,かなりの地域が放射線管理区域に相当する汚染レベルにあります.

そうした状況にもかかわらず,このようなメッセージが出されることで,放射線管理区域に相当するような放射線量であっても問題視する必要はない,という主張が,あたかも当然の,無標の基準とされてしまうことになります.

それに応じて,汚染に対してしかるべき措置をとることもまた,有標化されます.例えば,環境省は「放射性物質による環境汚染情報サイト」で,次のように書いています.

「一方,子どもや妊婦の被ばくによる発がんリスクについては,100ミリシーベルト以下の低線量被ばくでは,発がんリスクの明らかな増加を証明することは難しいとされています.しかし,100ミ

---

*8 中川恵一「Dr.中川のがんの時代を暮らす:2」毎日新聞2011年7月3日
*9 2011年7月19日東京電力発表資料,http://www.tepco.co.jp/cc/press/betu11_j/images/110719u.pdf

リシーベルト以下の低線量被ばくであっても,住民のみなさまの大きな不安を考慮に入れて,子どもや妊婦に対して優先的に取り組むことが適切です.」*10

そもそも,一般公衆の被曝限度として定められていた年間1ミリシーベルト以上の被曝のおそれがある地域は対策をとるのが当然です.また,100ミリシーベルト以下については,「証明することが難しい」だけで,影響がないことがわかっているわけではありません.つまり,現時点における科学の無能が確認されているだけです.

さらに第3章で見た環境基本計画やG8環境大臣マイアミ宣言などを考慮するならば,この文章で前半と後半をつなぐ接続詞は,「しかし」ではなく「ですから」であるのが当然ですし,また,東京電力や政府の義務ではなくあたかも住民に対する恩寵であるかのように「住民の皆さまの大きな不安を考慮に入れて」と述べるのはまったく妥当なこととは言えません.

ここで見てきたような「専門家」の発言は,いつのまにか,「本当は対策をとる必要はないのだけれども,不安がる住民がいるから恩寵としてやってやろう」,という倒錯した態度がまかり通る状況が作り上げられてしまうことに貢献しているのです.

事故に不安を抱き,事故の対策を求め,事故の責任を追及する,つまり本来当然の反応を示す人々が有標化されることで,挙証責任は,事故に責任を負う政府や関連の専門家ではなく,事故を心配する市民の側が負わされることになります.

結局のところ,少なからぬ専門家の発言が,その意図や内容の事実的正しさとは別に,原発事故という極めて重大な事態を前に,そ

---

*10 http://josen.env.go.jp/material/pdf/handbook_think.pdf?130128

の責任関係の明確化や本来あるべき具体的な対処を促すのではなく，むしろそれを押しとどめ，さらには被害者である市民を問題化する方向で機能してしまったことになります．

　事故で失われた信頼に対して責任をとって対策を進め，信頼を取り戻すのではなく，あたかも信頼が失われていないかのように見せかけ，さらに，信頼の喪失は市民／被害者の側の問題だとする効果をもつようなかたちで発言がなされる状況では，個々の発言の内容をめぐる信頼だけでなく，信頼そのものを支える基盤が社会の中で失われるのも無理はありません．

# 第5章 コミュニケーションの再配置へ向けて

　インターミッションで，信頼を保つために発言者や発言に求められる要件として，次のようなものを挙げました．

　形式に関する要件：(1)一貫性，(2)包括性・体系性，(3)説明・挙証責任．
　内容や位置づけに関する要件：(4)話題の妥当性，(5)事実性，(6)内容の妥当性．

　個別の発言に対してこれらの要件を検討はしませんでしたが，これまで見てきた専門家の発言のほとんどが，これらの要件の一つ以上を満たしていないことは簡単にわかります．
　例えば第1章で見た山下俊一氏の発言は，事故前に本人が行っていた発言と一貫していません．それだけでなく，問題をめぐる科学的知見の現状を体系的に説明するのでははなく，自分の見解に沿ったかたちで導入するという点で，包括性・体系性の要件も満たしていません．
　第2章で検討した発言の多くは，現実と合致していないという点で事実性の要件を満たしませんし，現実と合致しない主張を行うプロセスで，説明責任・挙証責任も引き受けていません．説明責任を

負わずになされた発言はまた，事実に反しているだけでなく，社会的な妥当性を欠くことも少なくありません．

第3章で見た発言は，社会的な観点から，内容のレベル，あるいは話題設定のレベルで妥当性に欠いていました．それらの発言でもやはり，ほとんどの場合に説明責任・挙証責任は担われていませんし，専門的知見は多くの場合，包括的・体系的でなく，恣意的に持ち出されていました．

科学とは，現在における「知見」，そしてその「真実性」を主張すること，それにもとづいて現実に反した帰結を科学の名と権威のもとに主張する行為ではありません．本来，科学的態度と方法は不確定な事態を前にしてこそ有効であるべきであって，この点は，第2章の末尾で，原田正純氏の言葉を引用しつつ確認した通りです．

東京工業大学教授の牧野淳一郎氏が，原子炉の専門家でも放射線の専門家でもないにもかかわらず，事故直後から，原子炉の状況や放射能汚染の状況について，ほとんどの場合，実際的な観点からはほぼ正確だったことがのちに明らかになったような記述と把握を行うことができたのは，牧野氏が，優れた科学的分析力に加えて，数多の専門家と違い，まさに既存の「科学的」知見にではなく，本来の科学的な態度と手続きに対し，当たり前に忠実であったからであろうと推測できます[*1]．

また，事故後に都市汚染の問題を中心に，行政とも関係を保ちながら積極的な発言を続けている東京大学大学院工学系研究科の森口祐一氏が，批判者とも建設的な関係を維持しえているのは，森口氏が発言の際，常に説明責任と挙証責任を引き受けているからであると考えられます[*2]．

---

　　*1　牧野の公開用日誌，http://jun-makino.sakura.ne.jp/Journal/journal.html，https://twitter.com/jun_makino

これに対して，本章で取り上げてきた発言の多くは，残念ながら基本的な意味で科学的であることの要件に欠くもので，意識的であるか無意識であるかは別として，自らが有する既往の知識に対して自らが与えた価値の上に安住した権威主義的なものになってしまっています．しかも，そうした発言の多くが，事実的観点および／あるいは社会的観点から，妥当性を欠いていたのです．

　原子力関係の専門家が，事故前にこうした発言を行ってきたことは第2章の冒頭で紹介した大橋広忠氏の発言に示されています．原発事故は，第4章の冒頭で紹介した東京新聞の記事が示すように，そうした発言，さらに発言者への信頼を崩壊させるものでした．原発事故後になされた多くの専門家の発言は，事故で信頼を失った原子力関係の専門家の発言とほとんど同じかたちを示しているのですから，残念ながら，信頼を失うのは当然といえます．

　特に第2章では，このような専門家の発言の形式を見ました．そこでは，特に原子力関係の利権があるわけでもなく，また場合によってはむしろ強い責任感からなされた発言が，現実を取りこぼしてしまう契機の少なくとも一部は，専門化された科学的知識の形式に内在している可能性を示唆しました．

＊　　＊　　＊

　ところで，本書冒頭の問題提起では，不信を，個別の情報の信頼性や信頼できる情報の多寡ではなく，科学者や専門家に対する信頼をそもそも維持する構造や条件，さらに，科学者や専門家に一定の信頼を置いてきた社会のあり方にも向けられているものと述べています．

　専門家が発言することに限って言えば，挙証責任は市民の側に転

---

　＊2　https://twitter.com/y_moriguchi

嫁されてしまい，専門家は，事故の現実といかに乖離していても，また社会的に合意された諸規範からいかに逸脱していても，自らが知っている既往の知識を——しばしば選択的にあるいは歪曲して——持ち出すことで自らの「専門性」を示しながら，挙証責任を負うことなく発言を続けることが，事故後の社会ではできてしまいました．

挙証責任を負う必要がないのですから，専門家は，自らが有する知識にもとづく認識を正当化し意味づけるために，現実から乖離した状況を比較的自由に都合に合わせて創造することができるようになります．専門化された科学的知識の形式が孕む否定的な側面が，こうした条件もあって，顕在化する可能性が大きくなります．

さらに，専門家は挙証責任を負わなくてよいわけですし，その一方で挙証責任を負わされた市民は専門家ではありませんから，専門家は，自らの発言に対する市民の批判や懐疑に対し，たとえそれが科学的に見て妥当なものであっても，また社会的に適切なものであっても，科学的・論理的に反論する義務を負わなくてよいことになります．

ここまでくると，市民は専門家ではないとして最初から市民の発言を切り捨てることは簡単です．2011年8月19日の独『シュピーゲル』誌インタビューで，山下俊一氏はまさにこの作業を行っています．

「そういう人たちは科学者ではありません．医師でもなければ放射線の専門家でもない．研究者が研究を積み重ねてきめた国際基準についても何も知りません．」[*3]

---

 *3 『シュピーゲル』誌 2011年8月19日．ちなみに山下氏はこのインタビューの中で，「それに，何が原因で腫瘍ができたかは区別できません．放射線由来の

ところで，専門家が発言をすることと，それが社会の中でそれなりのプレゼンスを持ち続けることは別のことです．例えば，これまでの原発政策や原発事故に責任を負う，田中俊一氏のような専門家が，どこかで発言することと，これまでの経緯について説明と検証を求められることのないままに，原子力規制委員会の委員長に指名されることとは別の次元のことです．

　繰り返しになりますが，事故が引き起こした未知の状況に対して科学的態度を維持し，必要な調査や計測を行うことなしに，これまでの範囲でわかっている一般論としての専門知識を持ち出すことに終始し，本来科学的に認識されうる状況をめぐって，現実と乖離した発言が繰り返されるならば，専門家の発言に対する信頼が失われるのは当然です．また，その中で，自らの主張に都合のよい状況を現実に反して捏造し，社会の規範や法から逸脱した発言が繰り返され，本来議論されるべき話題が隠蔽されるならば，専門家への信頼が失われるのは自然なことです．事実的妥当性も社会的適切性も欠いた発言を通して問題が市民の側にあるとされ，挙証責任も市民の側に転嫁されるならば，専門家が発言すること自体への疑念が生まれるのも当たり前のことです．

　問題をいっそう悪化させているのは，それにもかかわらず，そうした専門家の発言が継続して社会的に広い範囲で伝えられる状況そのものによって，話題の隠蔽と歪曲，挙証責任の転嫁が強化され，さらに原発事故に責任を負う専門家が説明責任を果たすことなしに

---

腫瘍であることが突き止められるような特有の特徴が残るわけではないのです」と述べていますが，2011 年 5 月 23 日に公開された以下の論文 Heßa, J. et al. (2011) "Gain of chromosome band 7q11 in papillary thyroid carcinomas of young patients is associated with exposure to low-dose irradiation," Proceedings of the National Academy of Science of the USA, doi: 10.1073/pnas.1017137108 は，低線量被曝に起因する甲状腺腫瘍の特徴の存在を示唆しています．

政策判断に影響する立場に立つことが可能になる条件が作られ続けてきたという点です．

そもそも，説明責任・挙証責任を市民の側に転嫁することが可能になったのは，本来，責任と信頼性を問われるべき人々も含めた専門家に，事故後もその位置づけが見直されることなく発言の機会が与えられ，メディアがそれを伝えるというコミュニケーションの配置が存在したからでした．

科学や科学者，専門家への信頼を社会的に担保する構造そのものへの猜疑が生まれ，信頼の構造が崩壊したのは，まさにこのようにして，不信が科学の側ではなく科学を位置づける社会の側の問題として立ち現れたからだと思われます．その意味では，それにほぼ全面的に加担した大手メディアが，例えば「科学者の信用どう取り戻す――真摯な論争で合意形成を」といった問題設定をすること自体[*4]，科学と信頼，コミュニケーションをめぐる現在の問題の解決に与するどころか，むしろ問題の一部を構成するものであるとさえ言えます．

＊　＊　＊

少なからぬ専門家が，第2章で見たように，未知の事態を前に，科学的態度で接するかわりに既往の知識を当てはめようとする権威的「専門家」の態度をとったがゆえに，事実に反する発言を繰り返し，信頼を失うに至りました．これはさらに，こうした専門家の社会的知識と認識の欠落によって強化されます．

この状況で，科学や科学者，専門家とその発言内容に対する信頼が揺らぐのは当然です．仮にそれに応じて社会が科学者や専門家を信頼できないものとして扱っていたならば，信頼の構造そのものが

---

\*4　滝順一「科学者の信用どう取り戻す――真摯な論争で合意形成を」日本経済新聞 2011 年 10 月 10 日

揺らぐことはなかったかもしれません．

ところが実際には，それにもかかわらず専門家に発言の機会が与えられ，発言を通して，説明責任・挙証責任は市民の側に転嫁され，その結果，東京電力の福島第一原発事故を引き起こした責任の一端を担う田中俊一氏が原子力規制委員会委員長に任命されるような状況が存続し，さらにそうした状況の継続に一定の責任を負うメディアは，あたかも他人事であるかのように「科学者の信用どう取り戻す——真摯な論争で合意形成を」などと呼びかけ，また，事故後の報道に対する反省と検証を十分行わないままでいます．

冷静に，考えてみましょう．

不安をもち不信感を抱くことが，冷静さの欠如ではなく，むしろ冷静かつ合理的な判断の感情レベルでの一つの現われであるときに，冷静さを偽装しつつ実際には思考停止した人々が自ら科学的であると称して声高に発言する社会で，本来専門家が負うべき説明責任・挙証責任を負わされながら十分に発言する機会をもたない市民が抱くのは，科学に対する不信感にとどまりません．そのような社会状況に対する不満も抱くことになります．誰も額面通りには受け取らない貨幣が，それにもかかわらず公式の通貨とされ続ける社会では，貨幣に対する不信だけではなく，より大きな問題としてそのような社会そのものへの不満が存在することと，それは対応しています．

崩壊すべくして崩壊した，本来有効なものであるべき科学への信頼を，それにもかかわらず取り戻すために必要なことは，「科学者」が「真摯な論争」で合意形成をすることでも，哲学研究者が擬似問題を深刻げに発して陳腐な答えを与えることでも，ジャーナリストが自らの位置づけを客観的に検討することなく真摯な論争による合意形成を呼びかけることでもなく，単純にもっと物理的なこと，すなわち，専門家が科学的態度を取り戻し科学的態度をもって行動す

ること，そして，コミュニケーションを再配置し，また再配置を可能にするよう具体的な状況を変更することであることは，ほとんど明らかであるように思われます．

# 「東京大学環境放射線情報」をめぐって

押川 正毅

　本書の著者である影浦氏と筆者が共に勤務する東京大学(東大)は,福島第一原発事故にも深く関わっています.事故につながった,これまでの原子力政策や安全規制を決定してきた多くの場所に東大の関係者が登場します.事故当時の原子力安全委員長であった班目春樹氏が長年東大教授を務めていたことは象徴的ですが,他にも数多くの事例があります.このような全体的な構造の中ではごく小さな問題かもしれませんが,本欄では,事故後の首都圏での汚染状況に関する東大の発表について振り返りたいと思います.

　2011年3月11日の東日本大震災とそれにともなう福島第一原発事故を受けて,「東京大学環境放射線プロジェクト」では同年3月15日から3つの主要なキャンパス(本郷・駒場・柏)で放射線量の測定を開始し,結果をホームページで公開していました.特に柏キャンパスでは,3月21日の降雨にともない放射線量が上昇し,以下緩慢に減衰する様子が測定値にも明確に現れています.この東大柏キャンパスでの測定は,柏を含む千葉県東葛地域を中心とする放射能汚染地域の存在が認識される一つの重要なきっかけになりました.しかしながら,同プロジェクトは「東京大学環境放射線情報」と題するウェブページ[*1]のQ&Aにて以下のように述べていました(2011年5月21日時点).

---

[*1] 東京大学環境放射線情報, http://www.u-tokyo.ac.jp/ja/administration/erc/ (当初のURLから変更されているが,内容は保持されているようである.)

Q：本郷や駒場と比較すると，柏の値が高いように見えますが，なぜですか？
A：測定点近傍にある天然石や地質などの影響で，平時でも放射線量率が若干高めになっているところがあります．現在，私たちが公表している柏のデータ（東大柏キャンパス内に設けられた測定点です）は，確かに，他に比べて少々高めの線量の傾向を示しています．これは平時の線量が若干高めであることと，加えて，福島の原子力発電所に関連した放射性物質が気流に乗って運ばれ，雨などで地面に沈着したこと，のふたつが主たる原因であると考えています．気流等で運ばれてきた物質がどの場所に多く存在するか，沈着したかは，気流や雨の状況，周辺の建物の状況や地形などで決まります．結論としては，少々高めの線量率であることは事実ですが，人体に影響を与えるレベルではなく，健康にはなんら問題はないと考えています．

これは東葛地域の自治体が放射能汚染対策の必要性を否定する根拠となり，対策の遅れにもつながりました．健康への影響については，事故以前からいろいろな見解が科学者の間でも議論されており，その中で楽観的な見解に従った，とも言えるでしょう．ただし，楽観的な見解には科学的にも問題が多いと筆者は考えますし，仮に科学的な説としてありえるにしてもそれを根拠として問題がないと断定することには非常に問題がある，というのは影浦氏が本文中で詳しく論じているとおりです．一方，前半の，「天然石や地質などの影響」という記述は，柏で観測された放射線量の説明としては科学的にもまったくナンセンスな話です．

確かに，自然放射線量は地質に依存するため各地域で異なることはよく知られています．花崗岩などの岩石が放射性核種を比較的多

く含むため,これらの岩石が地表近くに存在する地域では自然放射線量が高くなるのです.一般に,山岳地帯では高く,また日本国内では西日本のほうが高く東日本は低い傾向があります.柏は東日本にあり,また山岳地帯でもありませんから,もともとの自然放射線量は低いはずです.特に,柏付近では花崗岩層は他地域と比べて深いということがわかっています.実際,日本地質学会の「日本の自然放射線量」[*2]によれば,柏を含む東葛地域では地質学的に推計される自然放射線量は日本国内でも低くなっており,$0.05\mu$Sv/h 程度以下であるとされています.

また,例えば花崗岩などを敷石として使っている建物など,その敷石の付近では上述と同じ理由で放射線量が高くなるケースは確かにあります.東大柏キャンパスでの正確な測定場所は結局公開されていないので,周囲にどのような天然石があったのかなかったのかはわかりません.しかし,そもそも,測定値の時間変化を見れば,柏キャンパスで測定された放射線量が高くなった主な要因が天然石や地質ではないことは明らかです.すなわち,3月20日には観測値平均 $0.12\mu$Sv/h となっていた放射線量が3月21日に最大 $0.80\mu$Sv/h に急増していますので,3月21日に大規模な地殻変動が起きて地表付近の岩石の組成が変わったとか,測定地点に天然石が降ってきたというようなことでもない限り,3月20日時点からの増加分は福島第一原発由来の放射性物質によるものとする以外にないでしょう.柏キャンパスでの当初の測定地点「柏(1)」では,2011年5月中旬になっても(5月10日〜13日の観測値平均で)$0.37\mu$Sv/h 程度の放射線量が観測されていました.したがって,周辺地域の典型

---

[*2] 日本地質学会公式サイト「日本の自然放射線量」(今井登),http://www.geosociety.jp/hazard/content0058.html

的な値を 0.05μSv/h とすると，それからの増加分の 3/4 以上は福島第一原発事故に由来するもので，仮に天然石の影響があったとしても 1/4 以下の 0.07μSv/h に過ぎません．実際には，3 月 15 日にも首都圏で福島第一原発由来の放射性物質が観測されており，降雨がなかったので定着した割合は少なかったものの，3 月 20 日時点でもその影響が残っていたと考えるほうが自然でしょう．そうだとすれば「天然石の寄与」はもっと小さくなるはずです．

　東大は 5 月中旬以降，観測場所を同キャンパスの別地点「柏(2)」に変更しました．そこでは，上記と同じ 2011 年 5 月 10 日〜13 日で平均 0.25μSv/h と「柏(1)」よりも低めの放射線量が観測されていました．この 2 つの地点での放射線量の差は，「東京大学環境放射線情報」が示唆したように，「柏(1)」測定地点の周囲に天然石が存在し，その影響を受けたためなのでしょうか？　後に，同年 11 月 24 日になって，東京大学柏地区環境安全管理室は，「柏キャンパス内の放射線量測定結果」[*3]をひっそりと公開しました．そこでは，キャンパス全域にわたって 6m ごとに格子上に区分し，「野外で人の立ち入る地点を測定点」としてそれぞれについて測定した結果が示されています．測定値の平均値は 0.30μSv/h でしたが，これには建物の陰になっていたり，震災後に整地した場所も含まれています．このような人為的な影響がない場合の典型的な値は，むしろ最頻値の 0.35μSv/h に近いと理解するべきでしょう．放射性物質の減衰や流出がある程度進んだ 11 月でこの値なので，当初の測定地点である「柏(1)」では天然石の影響で特に放射線量が高かったわけではないことは明らかです．(柏キャンパス全域に天然石が敷き詰められているわけではありません．) このことからも，当初の測定地点の

---

*3　東京大学柏地区環境安全管理室「柏キャンパス内の放射線量測定結果」
　　http://www.kashiwa.u-tokyo.ac.jp/kankyo/ks2011_11/

「平時の線量が若干高め」であったとする説明には,そもそもまったく根拠がなかったと言えるでしょう.(実際には,11月の発表を待たずとも,国立がん研究センター東病院をはじめ,柏市周辺での他の多くの測定結果を見れば,このことは明らかでした.)

このように,科学的にもまったく根拠がなく,少なくとも部分的には完全に誤った説明が東大が公式に発表した情報の中でなされていたということは驚くべきことです.上述のように,その影響は大学内部にとどまらず,例えば松戸市のウェブページには2011年6月15日までは「同大学では,測定点近傍にある天然石や地質などの影響で平時でも放射線率が高めとなっているとのことです.」という記載がされていました[*4].このように,周辺自治体にまで誤った説明が広められていたのです.大学,あるいは学者の社会との関わりのなかでは,水俣病の原因について有機水銀説を否定し「有毒アミン説」を唱えた学者が悪い例としてしばしばあげられます.最近では,最初に述べたように原子力政策や安全規制への関わりも注目されています.しかし,これらは大学に所属する学者が,個々に発表した見解や政府の関係委員会などに所属して行った活動が(大学全体としても決して無関係とは言えないでしょうが)問題にされているものです.これらの例に比べて直接的な影響は小さいかもしれませんが,まがりなりにも大学が公式な情報として発表したものにこのような明らかな間違い,あるいはミスリーディングな記述が含まれていた前例は思いつきません.東大の歴史上にも特筆すべき汚点であるかもしれません.

---

[*4] 「東京大学環境放射線情報」を問う東大教員有志のページ,https://sites.google.com/site/utokyoradiation/(現在は削除あるいは修正された「東京大学環境放射線情報」や周辺自治体のウェブページの内容の記録を含む.)

その後，筆者や影浦氏を含めた東大教員有志の二度にわたる総長への要請[*4]を経て，「東京大学環境放射線情報」の記載は一部修正され，同ページの影響を受けたと思われる周辺自治体のウェブページも削除もしくは内容の一部修正が行われました．しかし，それでも記載内容は十分でなく，上記の誤りもしくはミスリーディングな記述に対する十分な説明もしくは謝罪は見られないままです．一方，「東京大学環境放射線情報」にも一部影響されて当初は放射能汚染対策の必要性を否定していた周辺自治体は，それぞれ姿勢や具体的な方策に差異は見られるものの，市民の働きかけもあり校庭の除染などの対策に結局は乗り出すこととなりました[*5]．

（おしかわ　まさき，東京大学物性研究所教授）

---

　*5　例えば，「仕事始め：柏市長，放射線対策優先を訓示　当初は『失敗』と総括」毎日新聞2012年1月5日千葉版など．

## あとがき

　福島第一原発事故をうけて，とりあえず自分の身の安全を確保するために，また，なぜか知人や友人から相談を受けたため，情報を収集し始めた際，否応なく目や耳に入ってきた政府発表や大手メディアの報道は，まるで社会の底が抜けてしまったかのような，あまりに痛く感じられるものでした．思わず反応してブログに一連の「社会情報リテラシー講義」を書き，その内容は『3.11後の放射能「安全」報道を読み解く』(現代企画室，2011年7月)として書物化されました．その前著を読んで下さった岩波書店『科学』の編集者田中太郎さんの依頼により，『科学』に書いた拙文(2012年1月号，5月号)を膨らませてできたのが本書です．

　東京大学原発災害支援フォーラムの押川正毅さんには忙しい中，重要な報告を寄稿していただきました．福島大学原発災害支援フォーラムのメンバーの方々，とりわけ石田葉月さん・永幡幸司さんとの議論は，いくつかの論点を整理するにあたりとても参考になりました．東京大学原発災害支援フォーラムの島薗進さん・安冨歩さん・鬼頭秀一さん，秩父にある「たべものや月のうさぎ」の大畑とし子さん，東京大学大学院教育学研究科の小玉重夫さんは，いつも後ろ向きの私にとって支えでした．また，環境省の懇談会で出会った高村美春さんをはじめ，この間出会った様々な人との話を通して多くのことを学ぶことができました．全員のお名前を挙げることはできませんが，これらの皆様に深く感謝します．

　　　　　　　　　　＊　　＊　　＊

　2011年3月11日に東日本大震災が起こり，3月12日から東京電力福島第一原発は一連の爆発を含む深刻な状況になり，後に3月

25日の「最悪シナリオ」として明らかになったように，当時，福島第一原発4号機プールをめぐって首都圏の崩壊につながる事故のおそれが現実的なものとしてありました．2013年を迎えた東京では，まるで原発事故などなかったかのような雰囲気ですが，本あとがきを書いている今も，事故は収束していません．

　個人的なところでは，決して解消されることのない後悔を背負うことをめぐる恐怖と焦りの感覚が，原発事故後ずっと頭と体を離れず，そもそも本書とつながるような発言や活動をしていることは，それに関係しています．

　私が勤務する東京大学では，原発事故を受けて，工学部／工学系研究科が2011年度の新学期開始を1カ月遅らせました．私が所属する教育学部／教育学研究科は通常通り新学期を開始したのですが，「最悪シナリオ」の現実化と首都圏からの一斉避難による混乱の可能性を考えると，当時，教授会で新学期開始時期の変更と学生への注意呼びかけを提案し，学部／研究科としてそのような方針で対応すべきだったというのが理性的な評価になります．それに対して，「まあ大丈夫だろう」と，考えるともなく現状維持に流されてしまった判断（あるいはその不在）は，いわば知性の敗北です．

　今，私自身，そのような手立てをとれなかったことについて，本当にどうしようもない，血が引いていくような後悔を最低限しないでいられるのは，4号機プール崩壊という事態が本当にたまたま回避できたからに過ぎません．

　50年近く生きていると，後悔することは少なからずあります．多くは忘れてしまい，いくつかは幸運や偶然もあって後に懐かしさに変わりもしますが，いつまでたっても血の引くような感覚とともに戻ってきて決してなくなることのない後悔もあります．そしてそのような後悔——決して懐かしさに変わらない後悔——は，しない

あとがき | 97

で済むならば絶対にしないほうがよいものだと，さほど豊かとは言えない経験からながらも，確信しています．

放射線被曝による(狭義の)健康被害は(一部のがんなどで特異的な遺伝子の変異が指摘されはじめているとはいえ)，一般に，がんも含め，被曝に特異的な症状を示すものでないため，仮に被曝が原因で病気になったとしても「客観的」因果関係を証明することは困難かもしれません(そもそも病気において単純な因果性などほとんどないでしょう)．けれども，それはまた，仮に，例えば子どもに健康被害が出てしまった場合，保護者が，それが被曝によるものでないと納得することも難しい，ということでもあります．

そうであるならば，科学的にわかっていないことを影響がないことがわかっているかのように読み替えて「安全です」「安心してください」と呼びかける専門家や報道，情報が跋扈する中，漠然とした不安を抱きながらも，日常的にできる被曝防護対策も何となくとらないままでいるならば，子どもに健康被害が出たときに，取り返しのつかない後悔を感じてしまう可能性は小さくないのではないでしょうか．

このような状況は，本文で論じたように，東京電力の責任を軽減するために事故を矮小化し，本来東京電力と政府が責任をもってやるべき対策を十分にとらないまま，問題への対処を個人に押しつけるような言葉の配置と対応しています．

2012年末の選挙で政権に復帰した自民党が絶対安全と強弁しつつ国策として進め，東京電力が運用してきた原発に起きた事故の責任は，何よりもまず，政府と東京電力にあるのであって，それを絶望的に取り返しのつかない後悔というかたちで——あるいはその可能性への怖れというかたちででさえ——，一人一人の市民が個人的に負うべきではありません．

そしてそのように考えることは，自分だけよければよいとすることではなく，原発作業員の環境や，自分が居住する地域よりも汚染度が高い場所で暮らす人々の状況をまじめに考えていくことへの，本当の意味での第一歩となるはずです．

　本書が，決して懐かしさに変わることのない後悔を背負ってしまうような行為あるいは無作為の手前で立ち止まる手がかりに，わずかでもなれば幸いです．

影浦　峡

■岩波オンデマンドブックス■

岩波科学ライブラリー 207
信頼の条件 原発事故をめぐることば

2013年4月5日　第1刷発行
2018年7月10日　オンデマンド版発行

著　者　影浦　峡
　　　　（かげうら　きょう）

発行者　岡本　厚

発行所　株式会社　岩波書店
　　　　〒101-8002　東京都千代田区一ツ橋2-5-5
　　　　電話案内　03-5210-4000
　　　　http://www.iwanami.co.jp/

印刷／製本・法令印刷

Ⓒ Kyo Kageura 2018
ISBN 978-4-00-730786-7　　Printed in Japan